《供电企业班组安全管理能力考评手册》编写组　编

供电企业班组安全
管理能力考评手册

中国电力出版社
CHINA ELECTRIC POWER PRESS

内 容 提 要

供电企业依据相关规程、政策规定，开展流程化、系统化班组及班组人员考评，可以有效推动班组基础建设，提高班组安全管理能力和班组人员安全技能水平。

本书重点介绍供电企业班组安全管理能力考评的范围、标准、工作流程、结果应用及改进措施，建设闭环考评体系需重点关注的内容等。

本书可作为供电企业安全管理人员组织开展班组建设的指导用书，也可作为班组人员开展考评的培训用书。

图书在版编目（CIP）数据

供电企业班组安全管理能力考评手册/《供电企业班组安全管理能力考评手册》编写组编．--北京：中国电力出版社，2025.2.--ISBN 978-7-5198-9731-4

Ⅰ．TM08-62

中国国家版本馆 CIP 数据核字第 2024CS9596 号

出版发行：中国电力出版社
地　　址：北京市东城区北京站西街 19 号（邮政编码 100005）
网　　址：http://www.cepp.sgcc.com.cn
责任编辑：马淑范（010-63412397）
责任校对：黄　蓓　于　维
装帧设计：赵姗姗
责任印制：杨晓东

印　　刷：廊坊市文峰档案印务有限公司
版　　次：2025 年 2 月第一版
印　　次：2025 年 2 月北京第一次印刷
开　　本：880 毫米×1230 毫米　32 开本
印　　张：4.5
字　　数：97 千字
定　　价：58.00 元

《供电企业班组安全管理能力考评手册》
编　写　组

王　杰	杨熠鑫	陈盛君	谢正宁	马　慧
何玉鹏	黄吉涛	吴旻荣	高　幸	张国保
严　兵	丁　伟	李　乐	王宁国	何　楷
朱俊宇	张　亮	张东山	汪东平	杨丙寅
王登峰	张振宇	马建文	熊　辉	袁成斌
高小奇				

前　言

　　安全生产是企业发展的基础，各项专业工作中，应始终将其摆在首要位置。班组作为企业安全生产管理的基本单元，承担着落实上级安全管理要求、具体执行安全生产任务重要的责任。为筑牢安全基础，提高班组的安全意识和管理水平，开展安全生产班组考评工作是必不可缺。

　　在班组建设和安全管理过程中，时常出现班组人员、器具配置不齐，安全例行工作执行不严，专业安全管理存在堵点等问题。这些问题简单依靠班组自查自改，往往成效不佳。在安全生产委员会的领导下，通过开展流程化、系统化安全生产班组考评工作，在全面评价班组安全水平和班组成员个人安全技能水平的基础上，查找班组安全管理短板，上级复核指导，本级安委会推动协调闭环解决，推动班组安全生产管理水平不断提升。

本手册分三章。采用言简意赅、通俗易懂的文字，详细地介绍了班组安全管理能力考评和班组人员安全生产能力考评的范围、标准、要求，分专业明确了具体考评细则，以及考评结果的应用、考评未通过的改进措施等，形成一个完整闭环的考评体系，旨在帮助读者更好地开展班组考评和班组人员考评，推动提升班组安全软硬实力，实现安全生产的长治久安。

由于编写时间仓促，本教材难免存在疏漏之处，恳请各位专家和读者提出宝贵意见，使之不断完善。

编者

目　录

第一章 总 则

第一节 安全生产班组安全管理能力考评重要性

班组是安全生产管理的最小单元，是各项安全生产管理措施的落脚点和着力点。抓安全，促安全，保安全，重点在安全基础管理，特别是抓好班组的安全管理工作，开展安全管理能力考评是其中重要一环。

一、开展班组安全管理能力考评是落实国家安全管理要求的必然途径

当前，我国踏上中国式现代化建设的新征程，迈进高质量发展的新阶段，高质量发展离不开高水平安全，高水平安全则建立在坚实的安全基础之上。通过开展班组安全管理能力考评，查短板、补弱项，有力夯实安全管理基础，推动高水平安全与高质量发展良性互动。国家行业高度重视班组安全能力建设工作，2011年，国务院安委办印发《关于加强企业班组长安全培训工作的指导意见》，2012年，国家能监局印发《关于加强电力企业班组安全建设的指导意见》，2021年，首次在电力行业组织开展班组安全建设专项监管，持续推动班组安全建设，有效促进了班组安全管理水平提升。开展班组安全管理能力考评是检验班组安全建设成效的有效手段，也是落实国家行业班组安全建设要求的必经之路。

二、开展班组安全管理能力考评是供电企业安全管理的内在需要

伴随着经济社会发展，供电企业电网设备规模快速增加，大量新技术新设备规模化应用，现场参与作业的外包分包人员比例高，部分安全生产班组出现安全承载力不足、安全技能淡化、弱化等问题，造成安全生产的穿透力、执行力下降，安全基层、基础、基本功滑坡，严重影响现场安全管控和工作秩序的维护。针对存在的问题，供电企业持续加大班组安全建设投入，不断强化班组安全管理，建立科学、规范、实用的班组安全建设管理评价体系迫在眉睫，客观有效评价建设管理成效刻不容缓。

三、开展班组安全管理能力考评是提升本质安全水平的重要保证

安全生产的核心是人，建立想安全，会安全，能安全的安全生产队伍也是本质安全建设的关键。班组作为安全生产管理中的最小单元，作为安全生产过程中的绝对主力军，其安全管理水平直接影响本质安全建设的成效。通过开展班组安全管理能力考评，建立量化的评价标准，从人、机、料、法、环等要素入手，全面评价班组安全管理，查找改进管理的不足，对班组人员开展安全能力过关式测试，对安全能力不足的人员，或在安全能力未达到要求前不得进入现场。同时，延伸建立班组安全管理能力问题闭环整改机制，推动持续提升班组安全管理，能够有力保证本质安全建设达到预期目标。

第二节　安全生产班组安全管理
能力考评的内容

安全生产班组安全管理能力考评包括两个部分，一部分是班组安全水平考评，着重考评班组整体安全能力和班组安全管理水平；另一部分是班组人员安全能力考评，着重考评班组成员个人安全技能水平。

一、安全生产班组安全水平考评

安全生产班组考评主要围绕班组人员配置、工器具配置、班组安全培训、安全例行工作和专业安全管理等方面组织开展评价，也可结合实际，增加班组现场作业环境、问题闭环整改机制等方面的评价内容，考评班组长期作业现场的安全措施、劳动保护措施是否到位。

1. 班组人员配置方面

主要考评班组人员配置人数和比例，班组长、"三种人"等关键人员的到位情况等，避免班组有岗无人，人不在岗，确保作业承载力满足基本要求。

2. 班组器具配备方面

主要考评班组个人劳动防护用品、基本器具配置规格和数量，检查维护机制运转、新技术新装备的使用情况等，确保班组硬件配置满足工作要求。

3. 班组安全培训方面

主要考评班组安全培训机制运转，作业人员准入和特种作业资质等情况，确保班组具备基本的安全能力。

4. 安全例行工作方面

重点考评班组岗位安全责任制建立，警示教育和安全日活动、两票管理情况，确保班组安全建设具备良好基础。

5. 班组落实专业安全方面

重点考评班组专业领域风险隐患双重预控机制建立运转、反违章管理等专业安全管理要求落实情况，确保班组全面承接落实专业安全管理各项要求。

二、安全生产班组人员安全技能考评

安全生产班组人员考评包括理论考试、个人考（测）评、模拟实操三类，也可结合实际，增加个人综合能力评价、安全能力动态评价等内容。

1. 理论考试

重点考评国家、行业和国家电网有限公司安全基本知识掌握情况，现场典型违章、安全管控措施落实情况，确保班组人员掌握安全基本要求，树立正确的安全观。

2. 个人考（测）评

重点考评班组人员专业能力、违章记分、安全贡献等情况，客观评价班组人员日常安全表现情况，为全面评价班组人员安全状态提供参考。

3. 模拟实操

重点考评班组人员现场勘查，"两票"填写，安全风险评估识别和安全管控措施布置操作等情况，确保班组人员安全能力满足现场作业要求。

第二章　安全生产班组安全水平考评

第一节　班组考评工作组织

开展安全生产班组安全水平考评工作,要明确考评的范围,细化落实各部门、基层单位工作职责,确定考评标准,按照标准化流程完成考评。

一、班组考评的范围

公司各供电公司、超高压公司、电科院、信通公司、建设分公司、送变电公司、营销服务中心、电动汽车及省管产业单位的安全生产班组(含项目部、作业层班组)。分为设备、营销、数字化、建设、调控、产业六大专业 18 类安全生产班组。

其中,设备专业包括输电、变电(直流)2 类班组。配电专业包括配电 1 类班组。建设专业包括业主项目部、施工项目部、监理项目部和作业层班组 4 类班组。业主项目部主要是输变电、变电和线路工程业主项目部、班组式业主项目部。施工项目部主要是输变电、变电和线路施工项目部。监理项目部主要是输变电、变电和线路监理项目部。作业层班组主要是变电土建班组、变电电气一次安装班组、变电电气二次安装班组、保护调试班组、高压试验班组、钢结构安装班组;架空线路土建(基础)班组、架空线路组塔班组、架空线路架线班组;电缆土建班组、电缆安装班组、电缆试验班组,以及变电土建、变电电气、线路专业作业层班组。营销专业包括营销、计量、电动汽车 3 类班组。主要是计量检定部现场室、现场建设及运维班组、装表接电班、检验检测班、用电检查班和供电服务班和外勤班等。数字化专业包括数字化 1 类班组。主要是信息运检班、信息通信班、业务系统班、基础平台班、网络安全班、项目建设班、数据运营班、运营监测班等。调控专业包括调控运行、主站调度自动化、通信、二次检修 4 类班组。调度运行类主要是调班、配调班。二次检修类包括二次检修班组。调度自动化类包括地调自动化班组。通信类主要是通信运检班组及信息通信调度监控中心调度班组。省管产业专业包括施工类产业单位、专业类产业单位 2 类班组。

二、班组考评职责分工

安监部门：负责组织各专业部门编制安全生产班组考评分项方案，制定总体考评方案，协同人资部门开展考评过程监督和现场抽查验证工作，汇总考评整体情况。

人资部门：负责会同安监部门开展考评过程监督，开展安全生产班组评价结果现场抽查验证工作，组织核对参加考评班组数量，确保安全生产班组全部参加考评。

设备、配网、营销、数字化、建设、调控中心等专业管理部门、产业管理公司：负责制定本专业安全生产班组考评方案，在基层单位自评的基础上开展本专业安全生产班组评价工作，编制评价报告，指导帮扶基层单位限期完成不合格班组整改。负责评价过程和结果的答疑，参加对基层单位现场抽查验证工作。涉及营配末端融合的班组，由营销部门牵头、配网部门配合组织开展安全生产班组考评验收工作，由营销部门提出班组认定结果。涉及省管产业单位的安全生产班组由产业管理公司考评验收。

其他单位：负责按照考评细则，组织开展本单位安全生产班组考评自评价工作，编制自评报告。组织对评价不合格班组进行整改。

必要时可以成立考评领导小组和领导小组办公室，统筹领导考评工作，协调解决考评过程中存在的问题。

三、班组考评内容

重点考评班组人员配置、器具配备、班组安全培训、班组安全例行工作和班组落实专业安全情况五个方面的内容。

1. 班组人员配置方面

重点考评班组长、安全员、技术员等关键岗位人员是否配置到位；核心班组人员配置率是否达到 90%及以上，班组无借用手续人员是否全部返岗；"三种人"占比是否满足作业要求；班组承载力分析是否与实际相符等内容。

2. 班组器具配备方面

重点考评班组个人防护器具、个人作业工具配置是否符合标准要求；班组安全工器具、仪器仪表、检修施工作业机具、备品备件配置是否满足标准要求；是否存放使用不合格或超试验周期的安全工器具，特种车辆、发电机是否定期检查维护等内容。

3. 班组安全培训方面

重点考评班组特种作业人员、特种设备操作人员资质是否有效，满足现场作业要求；全员是否参加安全生产班组人员考评；新入职、转岗人员参加班组安全教育培训成绩是否合格；班组劳务派遣人员是否视同班组人员参加安全责任清单、"两票"管理规定等安全制度要求的培训,参与班组作业的外包人员、队伍准入成绩是否合格有效;是否建立班组个人安全教育培训档案等内容。

4. 班组安全例行工作方面

重点考评班组岗位安全责任清单内容是否有盲区空挡,班组人员是否了解本人清单内容;班组安全生产目标责任书是否与工作实际相符,是否熟悉掌握安全目标;班组是否按照要求每月统计汇总、分析评价工作票、操作票执行情况;是否每周开展班组安全日学习活动,是否学习典型安全事故事件案例。

5. 班组落实专业安全方面

重点考评班组是否常态化开展隐患排查工作,是否有本班组隐患标准和隐患清单;是否开展班组反违章工作,是否有个人违章记分档案,是否闭环处罚整改;是否开展作业前的风险辨识及管控措施制定工作;"两制两军事"等专业安全管理要求是否落实等内容。

各专业班组具体考评标准详见表 2-1～表 2-17。

表 2-1 输电专业班组安全生产班组考评验收评分表

序号	考评内容	打分标准	评价方法	得分
一、人员配置方面（20 分）				
1	按照输电专业组织机构设置要求,配齐班组人员	班组长、安全员、技术员、工作负责人等关键岗位配足配齐,每空缺一个岗位扣 3 分。普通班员每空缺一个岗位扣 1 分。核心班组人员配置率未达到 90%及以上扣 3 分,班组无借用手续人员未返岗扣 5 分	核对班组人员名册,检查班组岗位到位情况	

续表

序号	考评内容	打分标准	评价方法	得分
2	班组参与特种作业人员应具备相应证书且在合格期内；"三种人"成绩考试合格且正式发文	1. 具备"三种人"条件的人员，考试成绩不合格，扣 0.5 分/人； 2. "三种人"占比未满足要求扣 2 分	1. 查看下发的"三种人"人员文件； 2. 查看特种作业人员证书	
3	是否开展班组承载力分析，包括人员承载力分析及业务承载力分析	1. 未进行班组承载力分析，扣 3 分； 2. 未进行检修作业承载力分析，扣 1 分	检查班组承载力分析报告	
二、器具配置方面（15 分）				
1	安全工器具、个人保安及防护用品种类、数量是否符合规定，账卡物是否一致	个人防护器具、个人作业工具配置不符合标要求扣 3 分；班组安全工器具、仪器仪表、检修施工作业机具、备品备件配置不满足标准要求，每类扣 2 分；账卡物不一致，不符合扣 0.2 分/件	检查班组安全工器具、个人保安、防护用品台账	
2	安全工器具、个人保安、防护用品是否按期开展检查试验，有无破损或不合格工器具仍在使用情况	安全工器具、个人保安、防护用品存在试验报告、标签缺失，超期试验、破损等情况，扣 2 分/件	1. 检查试验报告、试验标签、检查记录等； 2. 现场检查	
三、安全培训方面（15 分）				
1	班组参与特种作业人员应具备相应证书且在合格期内；"三种人"成绩考试合格且正式发文	特种作业人员，应取得资格证（带电作业证，高空作业证、无人机驾驶证、有限空间作业证、高压电工证，高压试验证书），没有取得扣 3 分/证	1. 查看下发的"三种人"人员文件； 2. 查看特种作业人员证书	
2	新入职、转岗人员班组安全培训是否合格	新入职、转岗人员未制定学习计划、未开展安全培训，扣 2 分/人	检查培训计划、考试试卷	

序号	考评内容	打分标准	评价方法	得分
3	是否建立班组人员（包括被派遣劳动者）个人安全教育培训档案	未建立个人安全教育培训档案扣2分，档案不全的扣1分	检查安全教育培训档案	
4	参与班组作业的外委人员、临时参加工作的厂家配合人员队伍安全准入是否开展，考试成绩是否合格，技能准入是否全员开展	参与班组作业的外委人员没有进行安全准入，扣2分/人；厂家配合人员等临时进场作业人员，没有采取动态培训和考试方式实施准入，未培训和考试扣1分/人	检查人员安全准入情况	
四、安全例行工作方面（15分）				
1	班组是否制定所有岗位安全责任清单。班组人员是否熟知各自岗位安全责任清单	1. 没有制定班组安全责任清单，扣2分；2. 班组人员不熟悉岗位安全责任清单的扣1分/人	现场查看单位下发的班组安全责任清单，现场随机考问班组30%人员	
2	岗位安全责任清单内容是否符合岗位实际，内容是否有遗漏，是否存在责任盲区	安全责任清单不符合岗位实际或有遗漏，每处扣0.2分	现场查看单位下发的班组安全责任清单	
3	是否制定班组安全生产目标，是否将安全目标逐级分解落实到班组	1. 没有班组安全生产目标责任书或安全目标没有分解落实到班组，扣1分；2. 安全生产目标分解不切合实际或不合理，扣1分	现场查看班组全生产目标责任书和分解签订情况	
4	班组是否按照要求每月统计汇总、分析评价工作票、操作票执行情况	班组未每月统计汇总、分析评价工作票、操作票执行情况，扣1分/次	检查工作票、操作票情况	

序号	考评内容	打分标准	评价方法	得分
5	是否每周开展班组安全日学习活动，是否学习"4•9""4•16""4•22""9•1"等安全事故事件	缺少的扣 1 分/次，未学习的扣 2 分	查看设备主人责任制资料，现场考问设备主人对设备运行情况	
五、专业安全方面（35 分）				
1	严格执行隐患排查要求，对"十八项反措""三跨"、森林草原火灾、电缆火灾及"三下"问题隐患清单重点开展排查治理，能整改的立查立改，不能按时整改的要制定风险防控措施	1. 未形成问题隐患清单，扣 5 分；隐患排查治理不彻底、不到位，扣 1 分/条； 2. 未治理隐患未制定风险防控措施和整改计划，扣 0.5 分/条。风险防控措施和整改计划不具体，扣 0.5 分/条	1. 隐患排查清单或排查报告； 2. 现场核实隐患整改情况	
2	是否对作业现场反违章开展自查自纠，对通报典型违章进行学习、整改，对违章人员按照"四不放过"进行处罚考核	1. 未开展班组反违章工作扣 5 分； 2. 班组违章，没有闭环整改，扣 2 分/条； 3. 对《国网安监部关于印发严重违章释义的通知》（安监二〔2022〕33 号）有关条款不熟悉，扣 0.2 分/条	检查班组反违章资料	
3	输电运检、施工作业现场勘查、检修方案（标准化作业指导卡）的编制、审核、批准是否合规，内容是否符合作业现场实际	1. 检修作业没有执行标准化作业指导卡，扣 1 分/项； 2. 现场勘查、检修方案（标准化作业指导卡）编制、审核、批准不齐全，扣 0.5 分/处； 3. 现场勘查、检修方案（标准化作业指导卡）内容和作业现场实际不相符，扣 0.5 分/处	检查班组检修方案、作业指导书等	

序号	考评内容	打分标准	评价方法	得分
4	是否严格执行《输电现场作业风险管控实施细则（试行）》（国家电网设备〔2022〕89号）及补充规定	没有执行《国家电网有限公司关于进一步加强生产现场作业风险管控工作的通知》，未落实"五级五控""一表一库"，开展作业前的风险辨识及管控措施制定工作，扣5分/项	抽查作业风险管控相关资料	

表 2-2　　　　变电（直流）专业安全生产班组

考评验收评分表

序号	考评内容	打分标准	评价方法	扣分上限值	得分
一、班组人员配置方面（20分）					
1	是否按照班组编制设置配足配齐班组人员	班组长、安全员、技术员等关键岗位是否配足配齐，每空缺一个岗位扣2分	核对班组花名册，核对班组关键岗位到位情况	6	
2	班组人员到岗率是否满足要求，有无未履行正式手续长期在外借调人员	存在无正式手续长期借调、不在岗人员扣2分/人	核对班组花名册，核查挂职、借调正式手续	4	
3	班组人员中具有三种人资质占比数量是否合适，能否满足日常作业要求	三种人数量不满足日常作业要求，其中工作许可人、工作负责人低于40%，工作票签发人低于10%，扣2分	检查班组三种人数量，专业技能水平人员占比	4	
4	班组成员分工是否清晰，是否有明确的管理分工、专业分工、设备分工等	班组人员分工不明，责任不清，扣0.2分/人	检查岗位职责清单、设备主人制管理规定	2	

续表

序号	考评内容	打分标准	评价方法	扣分上限值	得分
5	是否开展班组承载力分析，包括人员承载力分析及业务承载力分析	未进行班组承载力分析，扣2分	检查班组承载力分析报告	2	
6	班组人员技能水平是否满足岗位职责要求	班组人员技能水平不满足，扣0.2分/人	检查班组个人安全考评结果	2	
二、班组器具配置方面（15分）					
1	安全工器具种类、数量是否符合规定，账卡物是否一致	安全工器具种类、数量不符合配置标准，账卡物不一致，不符合扣0.5分/件	检查班组安全工器具台账	3	
2	安全工器具是否按期开展检查试验，存放环境是否符合要求，有无破损或不合格工器具仍在使用情况	安全工器具试验报告、标签合格标签缺失、试验周期错误、工器具破损等情况，扣0.2分/件	1. 检查试验报告、试验标签、检查记录等；2. 现场检查	3	
3	是否建立安全工器具管理制度并由专人管理	1. 无安全工器具管理制度，扣0.5分；2. 出入库记录不全、与实际不对应，扣0.1分/条	1. 检查安全工器具管理制度；2. 检查安全工器具出入库记录	2	
4	仪器仪表、特种车辆是否配足配齐，是否满足工作需求	仪器仪表、特种车辆种类和数量不符合配置标准，不符合扣0.5分/件	检查仪器仪表、特种车辆台账	3	
5	仪器仪表、特种车辆台账与实际是否对应，是否按期开展检查试验，是否有长期未经检测仪器仪表仍在使用情况	1. 仪器仪表台账不齐全的扣0.2分/条；2. 仪器仪表试验报告缺失、试验周期错误等情况，扣0.2分/件	检查试验报告，现场抽查仪器仪表、特种车辆数量	2	

15

序号	考评内容	打分标准	评价方法	扣分上限值	得分
6	是否建立仪器仪表管理制度，出入库记录是否齐全	1．无仪器仪表管理制度，扣 0.5 分； 2．出入库记录不全、与实际不对应，扣 0.1 分/条	1．检查仪器仪表管理制度； 2．检查仪器仪表出入库记录	2	
三、班组安全培训方面（15 分）					
1	特种作业人员、特种设备操作人员资质是否有效，是否满足现场作业要求	根据现场实际工作需求，应该取得特种作业资格证的人员没有取得，扣 1 分/证	检查班组特种作业资格证取证清单	3	
2	全员是否参加公司安全生产班组人员考评	安全生产班组人员考评未参加，扣 2 分/人	检查班组人员考评成绩表	4	
3	新入职、转岗人员班组安全培训成绩是否合格	新入职、转岗人员未开展安全培训或考试不合格，扣 2 分/人	检查培训计划、考试试卷	4	
4	参与班组作业的外委人员、临时参加工作的厂家配合人员队伍安全准入是否开展，考试成绩是否合格	1．参与班组作业的外委人员没有进行安全准入，扣 0.5 分/人； 2．厂家配合人员等临时进场作业人员，未参加或考试成绩不合格，扣 0.5 分/人	检查人员安全准入情况	2	
5	是否建立班组人员（包括被派遣劳动者）个人安全教育培训档案	未建立班组个人安全教育培训档案扣 2 分，档案不全扣 1 分	检查安全教育培训档案	2	
四、班组安全例行工作方面（15 分）					
1	班组岗位安全责任清单内容是否有盲区空挡，班组人员是否了解本人清单内容	未制定安全责任清单，扣 2 分；班组人员不了解本人清单内容，扣 1 分	1．检查班组岗位安全责任清单； 2．现场考问	2	

续表

序号	考评内容	打分标准	评价方法	扣分上限值	得分
2	班组安全生产目标责任书是否与工作实际相符,是否熟悉掌握本单位安全目标	班组安全生产目标责任书与工作实际不符或不了解本单位安全目标,扣1分	1.检查班组安全生产目标责任书; 2.现场考问	1	
3	"两票三制"是否严格执行;工作票签发、许可、终结、审核等关键环节是否合规;安全措施、操作票是否严格执行	1.工作票、操作票未按月统计汇总、分析评价,扣1分/次; 2.工作票风险点及防控措施不全面、不切合现场实际,扣0.5分/处; 3.操作票和倒闸操作执行不严格,缺少操作录音扣0.2分/条。操作票打钩、时间等缺失,扣0.2分/条	抽查现场操作票、工作票	4	
4	检查班组基础管理,是否按照变电(直流)五通管理规定开展设备巡视、定期试验、设备消缺等工作	1.各类巡视、维护记录未按周期进行,记录缺失,扣0.5分/条; 2.红外测温、开关柜超声波局放等带电检测记录不完备、未按周期记录、试验报告录入不及时,扣0.5分/条	抽查PMS记录、定期工作台账	4	
5	班组是否定期开展反事故应急演练,是否掌握突发异常时处置流程	1.未定期开展反事故演习,扣0.5分/次; 2.人员对本专业应急处置流程不清楚,扣0.2分/人	1.检查反事故演习记录; 2.现场考问	2	
6	是否每周开展班组安全日学习活动,是否学习"4·9""4·16""4·22""9·1"等安全事故事件	"4·9""4·16""4·22""9·1"等安全事故事件学习活动,缺少的扣1分/次,未学习的扣2分	1.检查安全活动记录; 2.现场考问	2	

序号	考评内容	打分标准	评价方法	扣分上限值	得分
五、班组落实专业安全方面（35分）					
1	班组是否常态化开展隐患排查工作，是否有本班组隐患标准和发现的隐患清单	1．班组未开展隐患排查，扣1分/次； 2．未形成班组问题隐患清单，扣3分	1．问题隐患清单； 2．专项排查报告	5	
2	班组反违章工作开展情况，是否有个人违章记分档案，是否闭环处罚整改	1．无个人违章记分档案，扣3分； 2．档案未闭环，扣2分	检查班组个人违章记分档案	5	
3	批准下发的检修计划是否严格执行，因故变更、取消的检修计划是否履行变更、取消手续。紧急消缺和故障抢修等是否纳入计划管理	1．计划取消、变更没有履行手续，扣0.2分/条； 2．紧急消缺和故障报修等没有进行线上管控，扣0.2分/条； 3．检修等无计划作业的，扣5分/条	检查班组作业计划	5	
4	《国家电网有限公司关于进一步加强生产现场作业风险管控工作的通知》是否严格执行	未严格按照"五级五控"要求开展作业前风险辨识、现场管控措施制定工作，扣1分/处	抽查作业风险管控相关资料	10	
5	检查作业现场勘查、检修方案的编制、审核、批准等是否合规，内容与作业现场实际是否相符，现场作业是否执行标准化作业卡	1．各类作业没有执行标准化作业指导卡，扣1分/项； 2．现场勘查、检修方案（标准化作业卡）编制、审核、批准不齐全，扣1分/处	抽查检修方案、作业卡等相关资料	5	
6	检查班组是否组织现场安全管控措施及口袋书落实情况	1．班组未开展宣贯学习，扣5分； 2．班组成员对内容不清楚，扣1分/人	学习记录、现场考问	5	

表 2-3 配电专业安全生产班组考评验收评分表

序号	考评内容	打分标准	评价方法	得分
一、班组人员配置方面（20分）				
1	班组岗位是否满足编制设置，班组长、安全员、技术员等关键岗位是否配置到位	1. 班组人员岗位设置不符合规定，扣1分； 2. 班组长、安全员、技术员等关键岗位是否配足配齐，每空缺一个岗位扣3分	按照人资部门提供的班组人员基础信息库，核对班组人员配置和关键岗位到位情况	
2	班组人员中满足相应技能取证条件的人员是否具备相应等级的职业资格等级证书（高级工及以下）	1. 满足职业资格取证条件的人员，没有相应专业职业资格等级证书扣1分； 2. 班组人员工作年限满足相应等级的职业资格等级证书取证条件，但未取得相应等级的职业资格等级证书扣0.5分	按照人资部门提供的班组人员基础信息库，核对班组人员技能等级取证情况	
3	具备"三种人"条件的人员是否通过考试	具备"三种人"条件的人员，考试成绩不合格或未参加考试，每人扣0.5分	查看"三种人"资格文件	
4	班组人员到岗率是否满足要求，人员是否具备实际参加班组日常生产工作	1. 班组人员到岗率未达到90%及以上扣3分； 2. 班组人员存在在岗，但不实际参建班组日常生产工作人员，每人扣1分	查看人资部门提供的班组人员编制，核对班组人员考勤；检查日常工作安排及工作票等，询问班组人员参加日常生产工作情况	
5	班组人员是否全部返岗，未返岗人员是否有借用手续	存在无正式手续长期借调、不在岗人员每人扣5分	查看班组人员考勤和借调手续	
6	是否开展班组承载力分析，包括人员承载力和工作承载力分析	1. 未进行班组承载力分析，扣3分； 2. 未进行检修作业承载力分析，每次扣1分	检查班组承载力分析报告和检修作业承载力分析审批表	

19

序号	考评内容	打分标准	评价方法	得分
二、班组安全器具配备方面（15分）				
1	安全工器具、个人防护器具、保安用品种类、数量是否符合规定	安全工器具、个人防护器具、保安用品种类、数量不符合配置标准，扣3分	按照《国网宁夏电力有限公司电力安全工器具管理实施细则》，核对班组安全工器具配置情况	
2	仪器仪表、检修施工作业机具配置是否满足要求	仪器仪表、检修施工作业机具种类、数量不符合配置标准，每类扣2分	按照《国网宁夏电力有限公司设备运检全业务核心班组装备配置指导意见（试行）》，核对班组仪器仪表、检修施工作业机具配置情况	
3	工器具、仪器仪表是否由专人管理，存放条件是否满足标准，账卡物是否一致	1. 存放条件不满足标准，扣3分； 2. 账卡物不一致，每件扣0.2分	现场检查工器具、仪器仪表库房，台账及工器具、仪器仪表	
4	是否存放使用不合格或超试验周期的安全工器具，特种车辆、发电机是否定期检查	1. 存放有损坏、没有试验、标签缺失、超期试验的，每件扣2分； 2. 特种车辆、发电机没有定期检查或检查记录和实际状态不一致，每台扣2分	现场检查工器具、仪器仪表库房，台账及工器具、仪器仪表；特种车辆、发电机检查记录	
5	安全工器具、仪器仪表、检修施工作业机具、特种车辆领用、使用是否规范	工具等领用记录、特种车辆出车记录和检修、报修等计划不对应的，每次扣0.1分	对照班组工作派工单、工作票、操作票、保电和巡视等日常工作安排，检查领用、归还和出车记录	

续表

序号	考评内容	打分标准	评价方法	得分
三、班组安全培训方面（15分）				
1	班组是否制定所有岗位安全责任清单	没有制定班组安全责任清单，扣2分	现场查看单位下发的班组安全责任清单	
2	岗位安全责任清单内容是否符合岗位实际，内容是否有遗漏，是否存在责任盲区	安全责任清单不符合岗位实际或有遗漏，每处扣0.2分	现场查看单位下发的班组安全责任清单	
3	是否制定班组安全生产目标责任书，是否将公司安全目标逐级分解落实到班组	1. 没有班组安全生产目标责任书或安全目标没有分解落实到班组，扣1分； 2. 安全生产目标分解不切合班组实际工作或不合理，扣1分	现场查看班组全生产目标责任书和分解签订情况	
4	班组人员是否熟知各自岗位安全责任清单	班组人员不熟悉岗位安全责任清单，每人扣1分	现场随机考问班组30%人员	
5	班组负责人是否熟知班组安全目标	班组安全目标不清楚，每人扣1分	拷问班组长、安全员、技术员	
6	检查设备主人制落实情况，是否掌握设备运行情况及健康状况	1. 未制定设备主人责任制和考核要求，扣1分； 2. 设备主人对设备运行情况及健康状况不了解、不掌握，每人扣0.2分	查看设备主人责任制资料，现场考问设备主人对设备运行情况	
7	班组作业人员是否取得相应特种作业资质	1. 应该取得特种作业资格证（带电作业、登高、高压电工、低压电工）的人员，没有取得，每证扣3分； 2. 特种作业资格证未上传至风险管控系统，每证扣0.5分	按照班组人员名单，查考特种作业资格证和安全准入情况	

序号	考评内容	打分标准	评价方法	得分
8	班组特种设备作业、指挥人员是否先取证后上岗	吊车等特种车辆作业，指挥人员未取相应证件，每证扣3分	查看班组特种车辆操作指挥人员相应证件和工作票所列特种车辆指挥人员相应证件	
9	参与班组作业的外委人员、队伍安全准入是否开展，考试成绩是否合格，是否建立人员个人安全教育培训档案	1. 参与班组作业的外委人员没有进行安全准入，每人扣2分；2. 没有建立个人安全教育培训档案，扣2分。档案不全的，扣1分	参与班组作业的外委人员，对照名单检查培训、考试安全风险管控平台准入情况	
10	参与班组临时参加工作的厂家配合人员队伍安全准入是否开展，考试成绩是否合格，是否建立人员个人安全教育培训档案	1. 厂家配合人员等临时进场作业人员，没有采取动态培训和考试方式实施准入，未培训和考试，每人扣2分；2. 没有建立个人安全教育培训档案，扣2分。档案不全的，扣1分	查看工作计划厂家配合人员情况及培训、考试等	
11	新入职、转岗人员班组安全培训是否合格，是否建立班组人员个人安全教育培训档案	1. 未制定学习计划、没有进行安全培训，每人扣2分；2. 没有建立个人安全教育培训档案，扣2分。档案不全的，扣1分	查看新入职、转岗人员情况及培训、考试试卷、培训档案	
四、班组安全例行工作方面（15分）				
1	按照上级下发的常态隐患和专项排查要求，是否按要求开展隐患排查治理	1. 环网设备防止电气误操作"五查五到位"问题隐患排查不彻底、不到位，每台扣0.5分；2. 未制定隐患排查计划或未形成问题隐患清单，扣5分；	按照公司下发的隐患排查方案要求，检查隐患排查及闭环管控资料；现场抽查运行设备	

序号	考评内容	打分标准	评价方法	得分
1	按照上级下发的常态隐患和专项排查要求，是否按要求开展隐患排查治理	3. 未按照一患一档闭环管理，每条扣 0.5分； 4. 可立查立改隐患未整改，每条扣 0.2 分； 5. 线路设备存在隐患未排查登记的，每条扣 0.1 分； 6. 未制定风险防控措施和整改计划，每条扣 0.5 分。风险防控措施和整改计划不具体，每条扣 0.5 分	按照公司下发的隐患排查方案要求，检查隐患排查及闭环管控资料；现场抽查运行设备	
2	配网"两票三制"、《配网作业安全补充管控措施设备配电〔2022〕88 号文》是否严格执行。工作票签发、许可、终结、审核等关键环节合规性。安全措施、操作票是否严格执行	1. 工作票未按规定签发许可，交底签字确认记录不全，每处扣 1分； 2. 安全措施与工作票所列不一致，有遗漏，每处扣 0.5 分/处； 3. 工作票风险点及防控措施与现场实际不一致，每处扣 0.5 分； 4. 无五防锁具解锁钥匙使用流程和取用记录，每条扣 0.1 分； 5. 操作票和倒闸操作执行不严格，操作票打钩、时间等缺失，每条扣 0.2 分	查看班组已执行工作票、操作票、任务等； 供服系统核对归档的工作票、操作票、任务单、派工单	
3	操作票、工作票的汇总、评价、分析和保管是否依规落实	未每月统计汇总、分析评价工作票、操作票执行情况，每次扣 1 分	查看班组工作票、操作票、任务单汇总装订和评价	
4	是否开展反违章工作，建立个人违章档案；有无查违章查纠及处罚情况，是否执行违章考核	1. 没有进行违章通报学习记录和现场违章查究记录，扣 5 分。没有建立个人违章档案，每人扣 2 分；	检查班组反违章资料	

序号	考评内容	打分标准	评价方法	得分
4	是否开展反违章工作，建立个人违章档案；有无查违章查纠及处罚情况，是否执行违章考核	2. 上级部门通报的班组违章，没有制定整改措施闭环整改，每条扣2分。没有执行考核，每条扣0.5分	检查班组反违章资料	
5	询问工作人员是否清楚违章类型	抽问班组人员违章类型不清楚，每条扣0.2分	随机抽问30%班组人员违章释义掌握情况	
五、班组落实专业安全方面（35分）				
1	班组安全管理制度、文件和专业管理规章制度是否齐全	1. 无班组安全管理制度、文件和专业管理规章制度清单，扣2分； 2. 缺少一种扣0.1分，没有定期组织培训扣2分	检查班组安全管理制度、文件和专业管理规章制度清单，培训学习情况	
2	是否按配电作业风险管控实施细则要求，落实现场勘查、检修方案编制，到岗到位	1. 检修计划、现场勘查记录、检修方案编制未执行配电作业风险管控实施细则要求，每条扣2分； 2. 现场勘查记录勘查人员、检修方案审批不符合要求，每条扣2分； 3. 未按照要求到岗到位，每条扣2分； 4. 检修作业风险定级错误，每条扣3分	按照配电作业风险管控实施细则，检查班组检修计划、现场勘查记录、检修方案；检查风控平台到岗到位记录	
3	日常检修作业、巡视作业、抢修作业，新增客户送电等是否存在无票情况；线上办理工作票、派工单、抢修单、操作票等情况	1. 抢修作业没有实行线上管控，没有在供服系统办理抢修单，每条扣2分； 2. 新增客户送电没有实行线上管控，没有在供服系统办理操作票，每条扣2分	1. 检查配电自动化系统、95598系统跳闸和故障停电信息和供服系统抢修单对应情况； 2. 检查SG186系统新增送电客户和供服系统办理操作票对应情况；	

续表

序号	考评内容	打分标准	评价方法	得分
3	日常检修作业、巡视作业、抢修作业，新增客户送电等是否存在无票情况；线上办理工作票、派工单、抢修单、操作票等情况	3. 常检修作业、巡视作业没有线上办理工作票、派工单等，每条扣3分； 4. 日常检修作业、巡视作业、抢修作业，新增客户送电等没有工作票或操作票，每条扣5分	3. 检查班组巡视、检修等工作和归档工作票对应情况	
4	配网检修是否执行标准化作业指导卡的，编制、审核、批准等是否合规。检修作业"一梯两穿三戴"要求是否落实到位	1. 无班组标准化作业指导卡（范本）清单，扣2分； 2. 9月13日之后检修作业没有执行标准化作业指导卡，每条扣2分； 3. 现场检修作业一梯两穿三戴没有落实，每处扣2分	检查班组标准化作业指导卡清单，检修作业计划对应的作业指导卡。检查现场作业梯两穿三戴执行情况	
5	班组是否组织现场安全管控措施和口袋书落实	1. 班组未开展宣贯学习，扣2分； 2. 班组成员对内容不清楚，扣2分	检查班组学习记录和现场考问	

表2-4 营销（供电所、县公司）专业安全生产班组

考评验收评分表

序号	考评内容	打分标准	评价方法	得分
一、班组人员配置方面（20分）				
1	按照营销专业组织机构设置要求，配齐班组人员	班组长、安全员、技术员等关键岗位配足配齐，每空缺一个岗位扣3分。普通班员每空缺一个岗位扣0.5分	核对班组人员名册，检查班组岗位到位情况	

续表

序号	考评内容	打分标准	评价方法	得分
2	班组参与特种作业人员应具备相应证书且在合格期内；"三种人"成绩考试合格且正式发文	具备"三种人"条件的人员占比（80%）不满足作业人员要求，每缺少1人扣2分	查看发文的"三种人"人员文件	
3	班组无借用手续且已借用人员全部返岗	1人未返岗扣5分	核对人员情况	
4	是否开展班组承载力分析，且承载力是否与实际相符	未进行班组承载力分析，扣4分；承载力结果与实际不符，扣3分	检查班组承载力分析报告	
二、班组器具配备方面（15分）				
1	安全工器具、个人保安及防护用品种类、数量是否符合规定，账卡物是否一致	安全工器具、个人保安及防护用品种类、数量不符合配置标准，账卡物不一致，不符合扣0.2分/件	检查班组安全工器具、个人保安、防护用品台账	
2	安全工器具、个人保安、防护用品是否按期开展检查试验，有无破损或不合格工器具仍在使用情况	安全工器具、个人保安、防护用品存在试验报告、标签缺失，超期试验、破损或绝缘包裹不全等情况，扣0.2分/件	1. 检查试验报告、试验标签、检查记录等；2. 现场检查	
3	是否建立安全工器具管理制度并由专人管理，存放环境是否符合要求	1. 无安全工器具管理制度，扣0.5分；2. 出入库记录不全、与实际不对应，扣0.1分/条；3. 库房环境不满足要求的扣1分	1. 检查库房硬件设施；2. 检查安全工器具管理制度；3. 检查安全工器具出入库记录	
三、班组安全培训方面（15分）				
1	是否全员参加安全人员考评	1. 应考未考，扣2分/人；2. 考试不合格，扣0.5分/人	查看考试人员名册及考试成绩	

26

序号	考评内容	打分标准	评价方法	得分
2	新入职、转岗人员班组安全培训是否合格	新入职、转岗人员未制定学习计划、未开展安全培训，扣0.5分/人	检查培训计划、考试试卷	
3	是否建立班组人员（包括被派遣劳动者）个人安全教育培训档案	未建立班组个人安全教育培训档案，扣0.2分/人	检查安全教育培训档案	
4	参与班组作业的外委人员、临时参加工作的厂家配合人员队伍安全准入是否开展，考试成绩是否合格，技能准入是否全员开展	1. 参与班组作业的外委人员没有进行安全准入，扣0.2分/人； 2. 厂家配合人员等临时进场作业人员，没有采取动态培训和考试方式实施准入，未培训和考试扣0.1分/人	检查人员安全准入情况	
四、班组安全例行工作方面（15分）				
1	班组是否制定所有岗位安全责任清单。班组人员是否熟知各自岗位安全责任清单	1. 没有制定班组安全责任清单，扣1分； 2. 班组人员不熟悉岗位安全责任清单的扣0.2分/人	现场查看单位下发的班组安全责任清单，现场随机考问班组30%人员	
2	岗位安全责任清单内容是否符合岗位实际，内容是否有遗漏，是否存在责任盲区	安全责任清单不符合岗位实际或有遗漏，每处扣0.2分	现场查看单位下发的班组安全责任清单	
3	是否制定班组安全生产目标，是否将安全目标逐级分解落实到班组	1. 没有班组安全生产目标责任书或安全目标没有分解落实到班组，扣1分； 2. 安全生产目标分解不切合实际或不合理，扣1分	现场查看班组全生产目标责任书和分解签订情况	
4	班组负责人是否熟知班组安全目标	班组安全目标漏答或答错一条，扣0.5分	考问班组长、安全员、技术员	

27

序号	考评内容	打分标准	评价方法	得分
5	营销现场作业计划、工作票（卡）制度落实情况；营销现场作业平台计划管控情况；营销现场作业平台数字化工作票（卡）应用情况	无法提供抽查和考核记录本项不得分；现场抽查每发现 1 条无计划作业记录、无票作业记录或作业票填写不规范记录扣 0.5 分，扣完为止。 线上化作业计划关联工单数/现场作业工单总数×100%，95%以下，每将 5 个百分点扣 0.5分，扣完为止	检查派工单、营销安全作业平台或营配协同相关记录	
五、班组落实专业安全方面（35 分）				
1	严格执行隐患排查标准，发现隐患，梳理隐患清单重点开展排查治理，能够整改的立改，不能按时整改的要制定风险防控措施	1．未形成问题隐患清单，扣分 5 分；隐患排查治理不彻底、不到位，扣 0.5 分/条； 2．未治理隐患未制定风险防控措施和整改计划，扣 0.5 分/条。风险防控措施和整改计划不具体，扣 0.2 分/条	1．隐患排查清单或排查报告；2．现场核实隐患整改情况	
2	按照规定开展营销设备巡视、随机检查现场缺陷看是否在系统中有记录或有缺陷消除流程闭环管理	1．10 月份以后有无开展计量设备主人制巡视，未开展扣 2 分； 2．现场缺陷有无及时录入系统，且主动开展缺陷整治，未开展扣0.1 分/条	随机检查现场设备"三封一锁"、计量箱破损等问题	
3	是否对作业现场反违章开展自查自纠，对通报典型违章进行学习、整改，对违章人员按照"四不放过"进行处罚考核	1．没有进行违章通报学习记录和现场违章查究记录，扣 0.5 分； 2．上级部门通报的班组违章，没有制定整改措施闭环整改，扣 0.5分/条；	检查班组反违章资料	

序号	考评内容	打分标准	评价方法	得分
4	是否对作业现场反违章开展自查自纠，对通报典型违章进行学习、整改，对违章人员按照"四不放过"进行处罚考核	3. 对《国网安监部关于印发严重违章释义的通知》（安监二〔2022〕33号）有关条款不熟悉，扣0.1分/条； 4. 上级部门通报的班组违章、考试成绩不合格人员未进行处罚考核，扣0.2分/人次	检查班组反违章资料	
5	营销标准化作业指导书是否按人进行配置；营销标准化作业卡是否及时宣贯并严格执行	1. 是否按专业人手一册，每少培1人扣0.1分； 2. 营销标准化作业卡是否已宣贯，是否执行到位，未开展	检查班组标准化制度配置及宣贯记录	
6	落实营销专业到岗到位、同进同出、联系挂点等情况	检查四级作业风险到岗到位执行情况，未严格落实扣0.1分/次	检查班组检修方案、作业指导书等	
7	查班组安全检查记录，是否对不低于5%的现场作业进行安全检查，各级营销安全管理人员履责记录	1. 相关记录不完整，抽查量不足5%，每低于1%扣1分；无相关记录本项不得分； 2. 抽查每月营销现场作业安全管控通报记录，每缺失一个月记录扣1分，扣完为止	抽查安全管控记录	
8	查各单位低压作业防护手套、手机背夹或现场作业终端等营销专业特色工器具和新型装备的配置情况	1. 现场发现一处未配套低压作业防护手套情况，扣0.5分； 2. 现场未采用线上化作业终端的，每发现一处扣0.5分	抽查现场	
9	检查计量设备主人制落实情况，是否掌握设备运行情况及健康状况	1. 未制定设备主人责任制和考核要求，扣1分； 2. 设备主人对设备运行情况及健康状况不了解、不掌握，每人扣0.2分	查看设备主人责任制资料，现场考问设备主人对设备运行情况	

表 2-5 营销（计量中心、客户服务中心）

专业安全生产班组考评验收评分表

序号	考评内容	打分标准	评价方法	得分
一、班组人员配置方面（20分）				
1	按照营销专业组织机构设置要求，配齐班组人员	班组长、安全员、技术员等关键岗位配足配齐，每空缺一个岗位扣3分。普通班员每空缺一个岗位扣0.5分	核对班组人员名册，检查班组岗位到位情况	
2	班组参与特种作业人员应具备相应证书且在合格期内；"三种人"成绩考试合格且正式发文	具备"三种人"条件的人员占比（80%）不满足作业人员要求，每缺少1人扣2分	查看发文的"三种人"人员文件	
3	班组无借用手续且已借用人员全部返岗	1人未返岗扣5分	核对人员情况	
4	是否开展班组承载力分析，且承载力是否与实际相符	未进行班组承载力分析，扣4分；承载力结果与实际不符，扣3分	检查班组承载力分析报告	
二、班组器具配备方面（15分）				
1	安全工器具、个人保安及防护用品种类、数量是否符合规定，账卡物是否一致	安全工器具、个人保安及防护用品种类、数量不符合配置标准，账卡物不一致，不符合扣0.2分/件	检查班组安全工器具、个人保安、防护用品台账	
2	安全工器具、个人保安、防护用品是否按期开展检查试验，有无破损或不合格工器具仍在使用情况	安全工器具、个人保安、防护用品存在试验报告、标签缺失，超期试验、破损或绝缘包裹不全等情况，扣0.2分/件	1. 检查试验报告、试验标签、检查记录等；2. 现场检查	

序号	考评内容	打分标准	评价方法	得分
3	是否建立安全工器具管理制度并由专人管理，存放环境是否符合要求	1. 无安全工器具管理制度，扣 0.5 分； 2. 出入库记录不全、与实际不对应，扣 0.1 分/条； 3. 库房环境不满足要求的扣 1 分	1. 检查库房硬件设施； 2. 检查安全工器具管理制度； 3. 检查安全工器具出入库记录	
三、班组安全培训方面（15 分）				
1	是否全员参加安全人员考评	1. 应考未考，扣 2 分/人； 2. 考试不合格，扣 0.5 分/人	查看考试人员名册及考试成绩	
2	新入职、转岗人员班组安全培训是否合格	新入职、转岗人员未制定学习计划、未开展安全培训，扣 0.5 分/人	检查培训计划、考试试卷	
3	是否建立班组人员（包括被派遣劳动者）个人安全教育培训档案	未建立班组个人安全教育培训档案，扣 0.2 分/人	检查安全教育培训档案	
4	参与班组作业的外委人员、临时参加工作的厂家配合人员队伍安全准入是否开展，考试成绩是否合格，技能准入是否全员开展	1. 参与班组作业的外委人员没有进行安全准入，扣 0.2 分/人； 2. 厂家配合人员等临时进场作业人员，没有采取动态培训和考试方式实施准入，未培训和考试扣 0.1 分/人	检查人员安全准入情况	
四、班组安全例行工作方面（15 分）				
1	班组是否制定所有岗位安全责任清单。班组人员是否熟知各自岗位安全责任清单	1. 没有制定班组安全责任清单，扣 1 分； 2. 班组人员不熟悉岗位安全责任清单的扣 0.2 分/人	现场查看单位下发的班组安全责任清单，现场随机考问班组 30%人员	

序号	考评内容	打分标准	评价方法	得分
2	岗位安全责任清单内容是否符合岗位实际，内容是否有遗漏，是否存在责任盲区	安全责任清单不符合岗位实际或有遗漏，每处扣 0.2 分	现场查看单位下发的班组安全责任清单	
3	是否制定班组安全生产目标，是否将安全目标逐级分解落实到班组	1. 没有班组安全生产目标责任书或安全目标没有分解落实到班组，扣 1 分； 2. 安全生产目标分解不切合实际或不合理，扣 1 分	现场查看班组全生产目标责任书和分解签订情况	
4	班组负责人是否熟知班组安全目标	班组安全目标漏答或答错一条，扣 0.5 分	考问班组长、安全员、技术员	
5	营销现场作业计划、工作票（卡）制度落实情况；营销现场作业平台计划管控情况；营销现场作业平台数字化工作票（卡）应用情况	无法提供抽查和考核记录本项不得分；现场抽查每发现 1 条无计划作业记录、无票作业记录或作业票填写不规范记录扣 0.5 分，扣完为止。 线上化作业计划关联工单数/现场作业工单总数×100%，95% 以下，每将 5 个百分点扣 0.5 分，扣完为止	检查派工单、营销安全作业平台或营配协同相关记录	
五、班组落实专业安全方面（35 分）				
1	严格执行隐患排查标准，发现隐患，梳理隐患清单重点开展排查治理，能整改的立查立改，不能按时整改的要制定风险防控措施	1. 未形成问题隐患清单，扣分 5 分；隐患排查治理不彻底、不到位，扣 0.5 分/条； 2. 未治理隐患未制定风险防控措施和整改计划，扣 0.5 分/条。风险防控措施和整改计划不具体，扣 0.2 分/条	1. 隐患排查清单或排查报告； 2. 现场核实隐患整改情况	

续表

序号	考评内容	打分标准	评价方法	得分
2	是否对作业现场反违章开展自查自纠，对通报典型违章进行学习、整改，对违章人员按照"四不放过"进行处罚考核	1. 没有进行违章通报学习记录和现场违章查究记录，扣 0.5 分； 2. 上级部门通报的班组违章，没有制定整改措施闭环整改，扣 0.5 分/条； 3. 对《国网安监部关于印发严重违章释义的通知》（安监二〔2022〕33 号）有关条款不熟悉，扣 0.1 分/条； 4. 上级部门通报的班组违章、考试成绩不合格人员未进行处罚考核，扣 0.2 分/人次	检查班组反违章资料	
3	营销标准化作业指导书是否按人进行配置；营销标准化作业卡是否及时宣贯并严格执行	1. 是否按专业人手一册，每少培 1 人扣 0.1 分； 2. 营销标准化作业卡是否已宣贯，是否执行到位，未开展	检查班组标准化制度配置及宣贯记录	
4	落实营销专业到岗到位、同进同出、联系挂点等情况	检查四级作业风险到岗到位执行情况，未严格落实扣 0.1 分/次	检查班组检修方案、作业指导书等	
5	查省班组安全检查记录，是否对不低于 5% 的现场作业进行安全检查，各级营销安全管理人员履责记录	1. 相关记录不完整，抽查量不足 5%，每低于 1% 扣 1 分；无相关记录本项不得分； 2. 抽查每月营销现场作业安全管控通报记录，每缺失一个月记录扣 1 分，扣完为止	抽查安全管控记录	
6	查各单位低压作业防护手套、手机背夹或现场作业终端等营销专业特色工器具和新型装备的配置情况	1. 现场发现一处未配套低压作业防护手套情况，扣 0.5 分； 2. 现场未采用线上化作业终端的，每发现一处扣 0.5 分	抽查现场	

序号	考评内容	打分标准	评价方法	得分
7	计量中心检查客户申校等技术监督工作是否常态开展，是否采取了预防客户投诉或意见申请的措施（10月份以来必须是 0 投诉、0 意见）；客户中心对业扩超时限是否建立常态管控机制；用电检查是否正常开展，特别是 10 月份以来对涉及民生的重点用户是否 100%开展用电安全检查，严格落实"四到位"	1. 计量中心用户申校不及时或用户不满意，发现 1 起扣 1 分，扣完为止； 2. 客户服务中心未建立业扩超时管控机制，未落实"四到位"，以上每发现一处扣 1 分，扣完为止	查看 SG186 及 95598 系统	

表 2-6　　　　营销专业（电动汽车公司）

安全生产班组考评验收评分表

序号	考评内容	打分标准	评价方法	得分
一、班组人员配置方面（20 分）				
1	按照营销专业组织机构设置要求，配齐班组人员	班组长、安全员、技术员等关键岗位配足配齐，每空缺一个岗位扣 3 分。普通班员每空缺一个岗位扣 0.5 分	核对班组人员名册，检查班组岗位到位情况	
2	班组参与特种作业人员应具备相应证书且在合格期内；"三种人"成绩考试合格且正式发文	具备"三种人"条件的人员占比（80%）不满足作业人员要求，每缺少 1 人扣 2 分	查看下发的"三种人"人员文件	
3	班组无借用手续且已借用人员全部返岗	1 人未返岗扣 5 分	核对人员情况	

序号	考评内容	打分标准	评价方法	得分
4	是否开展班组承载力分析，且承载力是否与实际相符	未进行班组承载力分析，扣 4 分； 承载力结果与实际不符，扣 3 分	检查班组承载力分析报告	
二、班组器具配备方面（15 分）				
1	安全工器具、个人保安及防护用品种类、数量是否符合规定，账卡物是否一致	安全工器具、个人保安及防护用品种类、数量不符合配置标准，账卡物不一致，不符合扣 0.2 分/件	检查班组安全工器具、个人保安、防护用品台账	
2	安全工器具、个人保安、防护用品是否按期开展检查试验，有无破损或不合格工器具仍在使用情况	安全工器具、个人保安、防护用品存在试验报告、标签缺失，超期试验、破损或绝缘包裹不全等情况，扣 0.2 分/件	1．检查试验报告、试验标签、检查记录等。 2．现场检查	
3	是否建立安全工器具管理制度并由专人管理，存放环境是否符合要求	1．无安全工器具管理制度，扣 0.5 分； 2．出入库记录不全、与实际不对应，扣 0.1 分/条； 3．库房环境不满足要求的扣 1 分	1．检查库房硬件设施； 2．检查安全工器具管理制度； 3．检查安全工器具出入库记录	
三、班组安全培训方面（15 分）				
1	是否全员参加安全人员考评	1．应考未考，扣 2 分/人； 2．考试不合格，扣 0.5 分/人	查看考试人员名册及考试成绩	
2	新入职、转岗人员班组安全培训是否合格	新入职、转岗人员未制定学习计划、未开展安全培训，扣 0.5 分/人	检查培训计划、考试试卷	
3	是否建立班组人员（包括被派遣劳动者）个人安全教育培训档案	未建立班组个人安全教育培训档案，扣 0.2 分/人	检查安全教育培训档案	

序号	考评内容	打分标准	评价方法	得分
4	参与班组作业的外委人员、临时参加工作的厂家配合人员队伍安全准入是否开展,考试成绩是否合格,技能准入是否全员开展	1. 参与班组作业的外委人员没有进行安全准入,扣 0.2 分/人; 2. 厂家配合人员等临时进场作业人员,没有采取动态培训和考试方式实施准入,未培训和考试扣 0.1 分/人	检查人员安全准入情况	
四、班组安全例行工作方面（15分）				
1	班组是否制定所有岗位安全责任清单。班组人员是否熟知各自岗位安全责任清单	1. 没有制定班组安全责任清单,扣 1 分; 2. 班组人员不熟悉岗位安全责任清单的扣 0.2 分/人	现场查看单位下发的班组安全责任清单,现场随机考问班组 30%人员	
2	岗位安全责任清单内容是否符合岗位实际,内容是否有遗漏,是否存在责任盲区	安全责任清单不符合岗位实际或有遗漏,每处扣 0.2 分	现场查看单位下发的班组安全责任清单	
3	是否制定班组安全生产目标,是否将安全目标逐级分解落实到班组	1. 没有班组安全生产目标责任书或安全目标没有分解落实到班组,扣 1 分; 2. 安全生产目标分解不切合实际或不合理,扣 1 分	现场查看班组全生产目标责任书和分解签订情况	
4	班组负责人是否熟知班组安全目标	班组安全目标漏答或答错一条,扣 0.5 分	考问班组长、安全员、技术员	
5	营销现场作业计划、工作票（卡）制度落实情况;营销现场作业平台计划管控情况;营销现场作业平台数字化工作票（卡）应用情况	无法提供抽查和考核记录本项不得分;现场抽查每发现 1 条无计划作业记录、无票作业记录或作业票填写不规范记录扣 0.5 分,扣完为止。	检查派工单、营销安全作业平台或营配协同相关记录	

续表

序号	考评内容	打分标准	评价方法	得分
5	营销现场作业计划、工作票（卡）制度落实情况；营销现场作业平台计划管控情况；营销现场作业平台数字化工作票（卡）应用情况	线上化作业计划关联工单数/现场作业工单总数×100%，95%以下，每将 5 个百分点扣 0.5 分，扣完为止	检查派工单、营销安全作业平台或营配协同相关记录	
五、班组落实专业安全方面（35 分）				
1	严格执行隐患排查标准，发现隐患，梳理隐患清单重点开展排查治理，能整改的立查立改，不能按时整改的要制定风险防控措施	1. 未形成问题隐患清单，扣 5 分；隐患排查治理不彻底、不到位，扣 0.5 分/条。 2. 未治理隐患未制定风险防控措施和整改计划，扣 0.5 分/条。风险防控措施和整改计划不具体，扣 0.2 分/条	1. 隐患排查清单或排查报告； 2. 现场核实隐患整改情况	
2	按照规定开展设备巡视、随机检查现场缺陷看是否在系统中有记录或有缺陷消除流程闭环管理	1. 10 月份以后有无开展充电桩设备主人制巡视，未开展扣 2 分； 2. 现场缺陷有无及时录入系统，且主动开展缺陷整治，未开展扣 0.1 分/条	随机检查现场设备完整及设备健康情况	
3	是否对作业现场反违章开展自查自纠，对通报典型违章进行学习、整改，对违章人员按照"四不放过"进行处罚考核	1. 没有进行违章通报学习记录和现场违章查究记录，扣 0.5 分； 2. 上级部门通报的班组违章，没有制定整改措施闭环整改，扣 0.5 分/条； 3. 对《国网安监部关于印发严重违章释义的通知》（安监二〔2022〕33 号）有关条款不熟悉，扣 0.1 分/条； 4. 上级部门通报的班组违章、考试成绩不合格人员未进行处罚考核，扣 0.2 分/人次	检查班组反违章资料	

序号	考评内容	打分标准	评价方法	得分
4	营销标准化作业指导书是否按人进行配置；营销标准化作业卡是否及时宣贯并严格执行	1. 是否按专业人手一册，每少培1人扣0.1分； 2. 营销标准化作业卡是否已宣贯，是否执行到位，未开展	检查班组标准化制度配置及宣贯记录	
5	落实营销专业到岗到位、同进同出、联系挂点等情况	检查四级作业风险到岗到位执行情况，未严格落实扣0.1分/次	检查班组检修方案、作业指导书等	
6	查班组安全检查记录，是否对不低于5%的现场作业进行安全检查，各级营销安全管理人员履责记录	1. 相关记录不完整，抽查量不足5%，每低于1%扣1分；无相关记录本项不得分。 2. 抽查每月营销现场作业安全管控通报记录，每缺失一个月记录扣1分，扣完为止	抽查安全管控记录	
7	查各单位低压作业防护手套、手机背夹或现场作业终端等营销专业特色工器具和新型装备的配置情况	1. 现场发现一处未配套低压作业防护手套情况，扣0.5分； 2. 现场未采用线上化作业终端的，每发现一处扣0.5分	抽查现场	
8	检查是否填写充电桩运维记录，充电桩是否存在故障。检查充电桩建设现场安全防护措施是否齐备	1. 充电桩无运维信息的，每发现一个充电桩扣0.5分； 2. 现场发现充电桩故障未及时消缺的，每发现一处扣0.5分； 3. 充电设施建设现场安全防护不齐备、不规范的，每发现一处扣0.5分	抽查现场	

表 2-7   数字化专业安全生产班组考评验收评分表

序号	评价内容	评分标准	评价方法	得分
一、班组人员配置方面（20 分）				
1	班组人员到岗率是否满足要求	到岗率低于 90%扣 3 分	核对班组花名册，核对班组人员配置情况	
2	班组长、安全员、技术员等关键岗位是否配置到位	每少 1 人扣 3 分	核对班组花名册，核对班组关键岗位到位情况	
3	工作负责人占比是否满足作业要求	未满足要求扣 2 分	查本单位三种人正式文件及花名册	
4	班组承载力分析是否与实际相符	未开展承载力分析扣 3 分	查专业技术资格/职业资格，承载力分析报告等	
5	无手续借用、借调人员是否全部返岗	未全部返岗扣 5 分	查借用、借调人员手续	
二、班组器具配备方面（15 分）				
1	班组个人防护器具、个人作业工具配置是否符合标准要求	不符合标准要求扣 3 分	核对个人防护器具、个人作业工具清单	
2	班组安全工器具、仪器仪表是否满足现场安全作业条件	不满足作业条件每类扣 2 分	检查班组安全工器具、仪器仪表	
3	班组安全工器具、仪器仪表配置是否满足标准要求	不符合配置标准每类扣 2 分	核对班组安全工器具、仪器仪表清单	
4	安全工器具、常用仪器仪表是否超检验周期	超检验周期扣 2 分	查安全工器具、仪器仪表检验日期	
5	安全工器具、仪器仪表、备品备件账卡物是否一致	账卡物不一致每项扣 2 分	查安全工器具、仪器仪表与账卡物对应情况	

续表

序号	评价内容	评分标准	评价方法	得分
三、安全培训方面（15分）				
1	班组人员是否全员参加公司安全生产班组人员考评	班组人员未全员参加考评，每缺少一人扣2分	查参加考评人员名单、考评结果	
2	班组劳务派遣人员是否视同班组人员参加安全责任清单、两票管理规定等安全制度要求的培训，参与班组作业的外包人员、队伍准入成绩是否合格有效	班组未开展劳务派遣人员培训、人员未参加或成绩不合格扣2分	查劳务派遣人员培训相关资料	
3	是否制定班组安全教育培训计划（年度、月度），是否按计划全员参加班组安全教育培训	未制定安全教育培训计划扣3分，未按计划开展培训扣1分，未全员参加安全教育培训扣1分	查班组安全教育培训计划，查班组安全教育培训签到表、培训记录等	
4	新入职、转岗人员班组安全培训是否合格	未开展新入职、转岗人员班组安全培训扣4分，每不合格一人扣2分	查入职、转岗人员班组安全考试记录	
5	是否建立班组人员（包括被派遣劳动者）个人安全教育培训档案	未建立个人安全教育培训档案扣2分，每缺少一份扣1分	查个人安全教育培训档案	
四、班组安全例行工作方面（15分）				
1	班组岗位安全责任清单内容是否存在盲区，班组人员是否了解本人清单内容	班组岗位安全责任清单内容不完整扣2分，班组人员不了解本人清单内容扣1分	查班组及各岗位安全责任清单，考问班组人员	
2	班组安全生产目标责任书是否与工作实际相符，是否熟悉掌握本单位安全目标	安全生产目标责任书与实际不符或不熟悉本单位安全目标扣1分	查安全生产目标责任书	

续表

序号	评价内容	评分标准	评价方法	得分
3	班组是否按照要求每月统计汇总、分析评价工作票、作业指导书（卡）执行情况	未开展自评价扣1分，自评价不规范每份扣0.5分	查工作票、作业指导书（卡）自评价结果	
4	是否每周开展班组安全日学习活动，是否学习"4·9""4·16""4·22""9·1"等安全事故事件	安全日学习活动每缺少1次扣1分，未学习安全事故事件扣2分	查班组安全日活动记录	
五、落实专业安全方面（35分）				
1	班组是否常态化开展隐患排查工作，是否有本班组隐患标准和发现的隐患清单	未落实隐患排查相关要求或无隐患清单扣5分	查上级单位下发的专项隐患排查工作落实情况	
2	是否开展班组反违章工作，是否有个人违章记分档案，是否闭环处罚整改	班组未开展反违章扣5分，未建立个人违章档案或未闭环处罚整改扣2分	查班组违章记录、考核等资料	
3	是否开展作业前的风险辨识及管控措施制定工作，作业风险等级定级是否准确	未开展风险辨识及管控措施制定扣5分，作业风险等级定级不准确每项扣0.5分	查2022年检修作业计划、检修方案等	
4	是否按要求对应急预案、现场处置方案进行相应的培训和演练，是否开展反事故演习	未开展培训及演练的扣2分	应急预案培训及演练材料	
5	是否落实网络与信息系统现场安全管理硬措施	未落实相关要求每项扣3分	组织远程督查或现场督查发现的问题	
6	班组存档的安全规章制度、运行管理规程、技术规范等是否齐全，并严格执行	未严格执行扣3分，每缺少一份扣1分	查存档的安全规章制度、信息运行检修管理规程、技术规范清单	
7	班组缺陷、隐患、风险、反措、备品备件等台账信息是否完善、准确	每缺少一类台账扣3分，每类台账信息不完善、不准确扣0.5分	查缺陷、隐患、风险、反措、备品备件等台账信息	

表 2-8　　基建专业业主项目部考评验收评分表

序号	考评内容	打分标准	评价方法	得分
一、业主项目部人员配置方面（20分）				
1	业主项目部配备业主项目经理（必要时可配备副经理）、项目管理、安全管理、质量管理、技术管理、造价管理等管理岗位，以及通信专业联系人、属地协调联系人、物资协调联系人。业主项目经理（必要时可配备副经理）、安全管理、质量管理岗位人员为项目管理关键人员，应配置专责人员，不得兼职	1. 业主项目部无成立文件，业主项目经理、安全管理专责、质量管理专责关键人员配置不全；（否决项） 2. 其他管理人员每空缺一个岗位，扣1分； 3. 业主项目经理、安全管理、质量管理岗位人员存在兼职兼项的，每兼职兼项一项/人，扣2分	资料核查	
2	班组式业主项目部管理半径不宜超过150km，同期建设的500（330）～750kV 工程不超过3项，220kV工程不超过5项，110kV及以下工程不超过10项。同期混合电压等级管理时按照500（330）～750kV 新建输变电工程1.0系数，500（330）～750kV 改扩建或线路工程0.5系数，220kV工程0.3系数、110kV工程0.15系数、35kV工程0.1系数进行折算（220kV及以下变电站改扩建工程按相应电压等级系数折半进行折算），累计不宜超过1.5系数	1. 业主项目部管理工程项目系数超1.5，扣4分； 2. 业主项目部管理工程范围超过150km，扣2分	资料核查	

序号	考评内容	打分标准	评价方法	得分
3	业主项目部应在可研工作启动前由建管单位发布建管组建文件。业主项目经理须通过省公司组织的培训，考核合格后持证上岗。班组式业主项目部组建文件应每年年初重新发文，明确项目部成员和所管辖的项目范围，业主项目部管理人员发生变动时，应及时办理变更手续	1.项目部实际管理人员与成立文件不一致，扣2分/人； 2.业主项目经理未获得相应等级资格证的（否决项）	资料核查、现场检查	
4	"e基建"平台中业主项目部关键人员应与当前业主项目部成立文件人员一致	"e基建"平台中业主项目部关键人员与成立文件不符的，扣3分/每人	系统检查、资料核查	
二、业主项目部器具配备方面（15分）				
1	业主项目部配置安全帽、安全带等合格的安全工器具。根据工程阶段和测量需求，配置混凝土强度回弹仪、全站电子测距仪、钢筋探测仪、接地电阻测试仪、经纬仪、镀锌层测厚仪、盒尺、卷尺、钢尺、游标卡尺、塔尺、扭矩扳手、望远镜等实测实量检测仪器	1.业主项目部个人防护器具、个人作业工具配置不符合标准要求，扣3分； 2.业主项目部安全工器具、仪器仪表配置不满足标准要求，扣2分/类	资料核查、现场检查	
2	工器具管理规范，账卡物齐全，按期开展检验，相关人员能够正确使用	1.未建立工器具台账的，扣1.5分； 2.现场账卡物不一致的，扣1分/项；	资料核查、现场检查、现场考问	

续表

序号	考评内容	打分标准	评价方法	得分
2	工器具管理规范，账卡物齐全，按期开展检验，相关人员能够正确使用	3．安全工器具及检测设备未定期检验的或检验不合格的，扣 2 分/项 4．不能正确使用安全工器具及实测实量检测仪器，扣 2 分/项	资料核查、现场检查、现场考问	
三、业主项目部安全培训方面（15 分）				
1	业主项目部关键人员通过公司安全准入考试	业主项目部关键人员未通过安全准入考试的（否决项）	资料核查、系统检查	
2	安全管理专责、质量管理专责持有省公司颁发的安全质量培训合格证	安全管理专责、质量管理专责未获得省公司颁发的安全质量培训合格证，每人扣 3 分	资料核查	
3	业主项目部应结合工程实际，编制有针对性的年度安全教育培训计划	1．业主项目部未编制安全培训教育计划的，扣 3 分； 2．培训计划内容与工程实际不相符的，扣 1 分/处	资料核查	
4	业主项目部应按照年度安全教育培训计划，开展安全培训教育	1．未按计划开展培训，扣 3 分； 2．学习记录、安全日活动记录不齐全，扣 1 分/次	资料核查	
四、业主项目部安全例行工作方面（15 分）				
1	业主项目部应编制安全责任清单，业主项目部人员应对项目部及自身安全责任清楚了解	1．未编制安全责任清单的，扣 2 分；安全责任清单内容与项目实际不符的，扣 1 分/处； 2．业主项目部人员对本人安全责任清单不熟悉的，扣 1 分/人	资料核查、现场考问	

续表

序号	考评内容	打分标准	评价方法	得分
2	业主项目部人员应对重要事故通报清楚、应对公司近期重要安全活动清楚	1．项目部人员对"4·9""4·16""4·22""9·1"安全事故未组织学习的，扣2分； 2．"4·9""4·16""4·22""9·1"事件经过、原因、暴露的问题不清楚，扣1分/人	资料核查、现场考问	
3	组织落实机械化施工要求	根据现场实际应用未用深基坑一体化辅助作业典型施工方法、电建钻机成孔典型施工方法、采用对接装置的流动式起重机分段组塔典型施工方法、集控可视化张牵放线典型施工方法，扣1分/项	资料核查、现场检查	
4	组织对公司重要文件宣贯培训	业主项目部关键人员对、公司科技保安措施现场安全管控强制性措施、标准化作业指导卡不清楚的，扣1分/人	现场考问	
5	安全主题活动落实情况	1．工程参建人员有不清楚本工程挂点负责人的，扣0.5分； 2．业主项目部未组织每季度主题活动学习宣贯的，缺少学习培训记录，每次扣1分； 3．业主项目部人员对主题活动风险管控、风险压降等重要要求不清楚、不掌握的，扣1分	资料核查、现场考问	

序号	考评内容	打分标准	评价方法	得分
五、业主项目部落实专业安全方面（35分）				
1	业主项目部应编制相应策划、方案文件	1.《工程建设管理纲要》中安全策划未按照模板编制，内容有缺失，每处扣1分；策划内容针对性不强，与工程实际情况不符，每处扣1分； 2.《工程现场应急处置方案》业主项目部安全管理专责未参与编写的，扣1分；《工程现场应急处置方案》内容不全、针对性不强，与工程实际情况不符，每处扣1分； 3.应急处置方案中无"五备三报一救护"内容的，扣2分	资料核查、现场检查	
2	定期组织监理、施工项目部开展安全隐患排查	1.未开展隐患排查的，扣5分； 2.隐患台账未闭环整改的，扣0.5分/项	资料核查、现场检查	
3	业主项目部按规定开展例行检查、专项检查、随机抽查、安全核查等活动，常态化开展反违章工作，每月至少开展一次安全监督检查	1.业主项目部未开展安全检查的，扣5分； 2.专项活动无相关记录的，扣2分； 3.安全检查问题未整改闭环的，扣2分/项	资料核查、现场检查	
4	组织监理、施工项目部开展施工安全风险识别、评估	1.落实风险管控要求，工程建设主要技术方案一览表、工程施工风险底数作业一本账等不全，缺少1项扣2分；工程建设主要技术方案一览表、工程施工风险	资料核查、现场检查	

46

续表

序号	考评内容	打分标准	评价方法	得分
4	组织监理、施工项目部开展施工安全风险识别、评估	底数作业一本账内容不全，每漏 1 项扣 0.5 分； 2. 工程作业票存在风险遗漏的，发现 1 处扣 1 分	资料核查、现场检查	
5	三级及以上风险作业业主项目部应编制同进同出、到岗到位计划	1. 未编制同进同出、到岗到位计划表的，扣 1 分； 2. 督促按计划开展同进同出、到岗到位，计划与实际不符的，每次扣 0.5 分	资料核查、系统核查	
6	业主项目部应建立安全法律、法规、标准、制度等有效文件清单，项目部应有公司各类文件收发文记录	1. 对照业主项目部审批完成的安全法律、法规、标准、制度等有效文件清单，核查项目部文件齐全，缺少 1 项扣 0.5 分； 2. 公司重要文件收发文记录齐全，缺失 1 项扣 0.5 分	资料核查、现场考问	
7	应急及防疫管理工作按要求开展	1. 现场应急物资配置不满足"五备三报一救护"要求的，扣 2 分； 2. 现场配置防疫物资数量明显不足的，扣 1 分； 3. 现场未设置隔离室，扣 1 分	资料核查	
8	组织开展应急培训演练	1. 未编制应急培训、演练计划的，扣 1 分； 2. 未开展工程相关项目应急演练的，扣 1 分	资料核查	

序号	考评内容	打分标准	评价方法	得分
9	业主项目部应组织监理、施工根据工程实际情况，科学安排工程建设进度	1．未组织编制工程施工进度计划的，扣2分； 2．缺少隐蔽工程实测实量验收记录，扣1分/项； 3．工程施工进度计划未按照实际情况组织修订的，扣1分	资料检查、系统核查	

表 2-9　　基建专业监理项目部考评验收评分表

序号	考评内容	打分标准	评价方法	得分
一、监理项目部人员配置方面（20分）				
1	监理项目部应在监理合同签订后一个月内成立，监理项目部成立及总监理工程师任命文件报送建设管理单位；监理项目部人员应保持相对稳定，需调整项目管理关键人员时，应经建设管理单位同意批准；需调整其他人员时，总监理工程师应书面通知业主项目部和施工项目部	1．无成立文件或成立文件不符合要求；（否决项） 2．项目部管理人员与成立文件不一致，扣1分/人	资料核查、现场检查	
2	监理项目部应配备总监理工程师（根据工程实际需要配置总监理工程师代表）、项目安全总监、专业监理工程师、安全监理工程（可兼职安全总监）、造价工程师、监理员及信息资料员	1．总监理工程师、专业监理工程师、安全监理工程师（可兼任安全总监）、安全总监理工程师关键人员配置不全的；（否决项） 2．造价工程师、信息资料员等其他管理人员每空缺一个岗位，扣0.5分	资料核查	

续表

序号	考评内容	打分标准	评价方法	得分
3	监理项目部人员配置情况	1. 总监理工程师兼职未经建设管理单位书面批准的，扣2分； 2. 总监兼职其他监理合同的总监理工程超过3项，每超过1项，扣2分； 3. 监理员未按照工程规模足量配置的，扣2分； 4. 监理人员年龄超过65岁的，扣1分/人； 5. 监理项目部人员应保持相对稳定，频繁更换的，扣2分	资料核查、系统核查	
4	关键人员是否按要求到岗到位	1. 总监未必须取得国家注册监理工程师资格；（否决项） 2. 总监、总监代表（如有）、安监、安全总监未参加省公司举办的基建安全培训，或培训证件过期的，扣1分/人； 3. 工程开工后，现场总监、总监代表（如有）、安监、安全总监、专监不在场，未履行请假手续，扣1分/人； 4. 作业票记录与旁站监理记录时间不相符，内容明显不一致，发现1处扣1分	资料核查、现场检查、系统核查	
二、监理项目部器具配备方面（15分）				
1	配置安全帽等合格的安全工器具，根据工程阶段和测量需求，配置混凝土强度回弹仪、全站电子测距仪、钢筋	1. 监理项目部个人防护器具、个人作业工具配置是否符合标准要求，扣3分；	资料核查、现场检查	

序号	考评内容	打分标准	评价方法	得分
1	探测仪、接地电阻测试仪、经纬仪、镀锌层测厚仪、盒尺、卷尺、钢尺、游标卡尺、塔尺、扭矩扳手、望远镜（2套）等实测实量检测仪器；监理项目部按实际需求，应配置专用合格的交通工具	2. 监理项目部安全工器具、仪器仪表配置不满足标准要求，扣2分/类； 3. 未按实际需求配备的交通工具，扣1分	资料核查、现场检查	
2	建立工器具台账，账卡物一致	1. 未建立工器具台账的，扣2分； 2. 现场账卡物不一致的，扣0.5分/项	资料核查、现场检查	
3	是否存放使用不合格或超试验周期的安全工器具及检测仪器	安全工器具及检测设备未经检验合格或超周期的，扣2分/项	资料核查、现场检查	
4	关键人员是否能够正确使用本岗位安全工器具及检测仪器	关键人员不能根据岗位正确使用安全工器具及检测仪器，扣1分/项	现场考问	
三、监理项目部安全培训方面（15分）				
1	监理项目部关键人员是否通过公司安全准入考试	监理项目部关键人员未通过安全准入考试的（否决项）	资料核查、系统检查	
2	监理项目部应结合工程实际，编制有针对性的年度安全教育培训计划	1. 安全培训教育计划未编制，扣3分； 2. 编制内容与工程实际不相符，扣2分/项	资料核查	
3	监理项目部应按照年度安全教育培训计划，开展安全培训教育	1. 未按计划开展培训，扣1分/项； 2. 学习记录、安全日活动记录不齐全，扣1分	资料核查	

续表

序号	考评内容	打分标准	评价方法	得分
四、监理项目部安全例行工作方面（15分）				
1	监理项目部是否编制安全责任清单，监理项目部人员对项目部及自身安全责任是否清楚了解	1. 未编制安全责任清单或安全责任清单内容与项目实际不符，扣2分； 2. 监理项目部人员对安全责任清单不熟悉，扣1分/人	资料核查、现场考问	
2	监理项目人员应掌握工程管理安全各项要求，对"4·22""9·1"安全事故事件经过、原因、暴露问题清楚掌握	1. 项目部人员对"4·9""4·16""4·22""9·1"安全事故未组织学习的，扣2分； 2. "4·9""4·16""4·22""9·1"事件经过、原因、暴露的问题不清楚，扣1分/人	资料核查、现场考问	
3	监理项目部策划文件齐全规范	1. 监理项目部未编制，监理规划和监理实施细则的，扣1分/项； 2. 监理规划和监理实施细则针对性不强，内容与现场实际不相符的，扣1分/项	资料核查、现场考问	
4	法定代表人授权书，授权委托书齐全、安全生产目标责任书齐全	1. 未出具法定代表人授权书、总监理工程师授权委托书的，扣1分； 2. 未签订安全责任书的，扣1分/人	资料核查、现场检查	
五、监理项目部落实专业安全方面（35分）				
1	定期开展安全隐患排查	1. 未开展隐患排查工作的，扣5分； 2. 隐患台账未闭环整改的，扣0.5分/项	资料核查、现场检查	

序号	考评内容	打分标准	评价方法	得分
2	监理项目部按规定开展例行检查、专项检查、随机抽查、安全核查等活动，常态化开展反违章工作，每月至少开展一次安全监督检查；督促施工、监理单位对发现的问题进行整改并形成闭环，提出考核意见	1. 未开展安全检查的，扣5分； 2. 无专项活动记录的，扣1分/次； 3. 安全检查问题未闭环处罚整改的，扣2分/项	资料核查、现场检查	
3	落实现场安全管理要求	1. 落实风险管控要求，工程建设主要技术方案一览表、工程施工风险底数作业一本账等齐全，缺少1项扣2分； 2. 工程作业票与现场实际不相符的，扣1分/处； 3. 驻队监理未与施工班组同进同出的，扣2分	资料核查、现场检查	
4	监理项目部应编制同进同出、到岗到位计划	1. 未编制同进同出、到岗到位计划表，扣2分； 2. 同进同出、到岗到位人员与计划不符的，扣1分/人	资料核查、系统核查	
5	经LEC风险评价法复测结论为三级及以上风险等级的施工工序和工程关键部位、关键工序、特殊作业和危险作业项目进行安全旁站，填写旁站监理记录表	1. 未按要求开展安全旁站，扣2分/项； 2. 监理旁站记录不全的，扣1分/次； 3. 监理旁站记录内容与当日作业内容不符，扣2分/项	资料核查	

续表

序号	考评内容	打分标准	评价方法	得分
6	监理应对现场安全措施，现场使用的安全工器具、施工机具，计划入场班组及人员进行审核验收后放行	1. 监理验收放行把关不严，现场安全措施落实不到位，每项问题扣 2 分； 2. 安全工器具、施工机具未经监理审查验收，无报审记录或报审记录不全，扣 1 分/项； 3. 班组人员未经监理审查验收，扣 1 分/人	现场检查	
7	深化作业单元管控长效机制，驻队监理必须掌握班组每一位人员来源、去向、状态	检查驻队监理记录，对施工班组人员数量、动向掌握不清楚的，扣 1 分/次	现场考问，资料核查	
8	安全主题活动落实工作	1. 询问项目部人员不了解本工程挂点负责人，扣 1 分/人； 2. 项目部无主题活动学习宣贯记录，扣 1 分/次	资料核查、现场考问	

表 2-10   基建专业施工项目部考评验收评分表

序号	考评内容	打分标准	评价方法	得分
一、施工项目部人员配置方面（20 分）				
1	施工项目部应在合同签订一个月内成立，以文件形式任命项目经理及其他主要管理人员，并以书面形式通知监理单位和建设管理单位；施工项目部人员应保持相对稳定，项目部关键人员变更时应向监理项目部提供人员变更通知函及相关任职资格材料，并经监理、业主、建管单位批准	1. 无成立文件或成立文件不符合要求（否决项）； 2. 项目部管理人员与成立文件不一致，扣 0.5 分/人； 3. 人员变更报审佐证资料不齐全，扣 0.5 分/人； 4. 系统中项目部人员与现行成立文件人员不一致，扣 0.5 分/人	资料核查、现场检查、系统核查	

序号	考评内容	打分标准	评价方法	得分
2	施工项目部应配备施工项目经理（需要时可配备副经理）、项目总工、技术员、安全员、质检员、造价员、信息资料员、材料员、综合管理员等管理人员；输变电工程施工项目部除配备以上管理人员外还应增设线路（变电）项目总工、技术员、安全员、质检员、线路协调员等管理人员，并按需配置其他管理人员；项目经理（副经理）、总工（技术员）、安全员、质检员为施工项目管理关键人员	1. 施工项目部关键人员未配置齐全的（否决项）； 2. 造价员、材料员等其他管理人员每空缺一个岗位，扣0.5分； 3. 关键人员无故未按要求到岗到位，扣1分/人	资料核查	
3	项目经理、项目安全员、项目质检员为专职，不得兼任其他岗位。项目经理不应同时承担两个及两个以上未完成项目的管理工作，发生以下情况之一者除外： 1. 统一工程相邻分段发包或分期施工的； 2. 合同约定的工程验收合格的； 3. 因非承包方原因致使工程项目停工超过120天（含），经建设单位同意的	1. 项目经理、项目安全员、项目质检员兼任其他岗位（否决项）； 2. 项目经理违规兼任两个及以上未完成项目情况的（否决项）； 3. 施工项目部关键人员与投标文件不一致，且无经业主同意变更的书面文件，扣2分/人次； 4. 施工项目部人员应保持相对稳定，未经业主统一更换项目管理人员的，扣1分/人次	资料核查、系统核查	
4	项目管理关键人员应持证上岗，并满足岗位任职要求	1. 项目经理（副经理）、项目总工、安全员未经公司或省公司的安全质量培训合格的，扣1分/人；	检查资料	

续表

序号	考评内容	打分标准	评价方法	得分
4	项目管理关键人员应持证上岗，并满足岗位任职要求	2. 项目经理、项目安全员未取得省级政府相关部门颁发的项目负责人/专职安全员安全生产知识考核合格证书的，扣2分；证书过期未复证的，扣1分； 3. 项目经理建造师资格等级与其负责工程规模不相配的，扣2分	检查资料	
二、施工项目部器具配备方面（15分）				
1	配置安全帽等合格的安全工器具，根据工程阶段和测量需求，配置混凝土强度回弹仪、全站电子测距仪、接地电阻测试仪、经纬仪、镀锌层测厚仪、盒尺、卷尺、钢尺、游标卡尺、塔尺、扭矩扳手(2套)、望远镜（2套）、GPS卫星定位仪、台秤/电子秤等实测实量检测仪器；按实际需求配置专用合格的交通工具	1. 安全工器具配置不满足现场实际需要的，扣2分/项； 2. 检测仪器配置不满足现场实际需要的，扣2分/项； 3. 未按实际需求配备的交通工具，扣1分	资料核查、现场检查	
2	是否建立台账及帐卡物是否一致	1. 未建立工器具台账的，扣2分； 2. 现场账卡物不一致的，扣0.5分/项	资料核查、现场检查	
3	是否存放使用不合格或超试验周期的安全工器具及检测仪器	安全工器具及检测设备未经检验合格或超周期的，扣1分/项	资料核查、现场检查	
4	关键人员是否能够正确使用本岗位安全工器具及检测仪器	关键人员不能根据岗位正确使用安全工器具及检测仪器，扣1分/项	现场考问	

序号	考评内容	打分标准	评价方法	得分
三、施工项目部安全培训方面（15分）				
1	施工项目部关键人员满足安全准入要求	施工项目部关键人员未通过安全准入考试的（否决项）	资料核查、系统检查	
2	施工项目部应结合工程实际，编制有针对性的年度安全教育培训计划	1．安全培训教育计划未编制，扣3分；2．编制内容与工程实际不相符，扣2分/项	资料核查	
3	施工项目部应按照年度安全教育培训计划，开展安全培训教育	1．未按计划开展培训，扣1分/项；2．学习记录、安全日活动记录不齐全，扣1分	资料核查	
4	施工项目部经理、安全员、总工、技术员必须掌握"三算四验五禁止"要求	施工项目经理不掌握"五禁止"内容，安全员不掌握"四验"内容，总工、技术员不掌握"三算"内容，扣2分/人	现场考问	
四、施工项目部安全例行工作方面（15分）				
1	施工项目部应编制安全责任清单，施工项目部人员清楚了解项目部及自身安全责任	1．未编制安全责任清单或安全责任清单内容与项目实际不符，扣2分；2．施工项目部人员对安全责任清单不熟悉，扣1分/人	资料核查、现场考问	
2	施工项目人员应掌握工程管理安全各项要求，清楚掌握"4·22""9·1"等安全事故事件经过、原因、暴露问题	1．项目部人员对"4·9""4·16""4·22""9·1"安全事故未组织学习的，扣2分；2．"4·9""4·16""4·22""9·1"事件经过、原因、暴露的问题不清楚，扣1分/人	资料核查、现场考问	

续表

序号	考评内容	打分标准	评价方法	得分
3	施工项目部必须编制施工安全管控措施，开工前组织第一次安全大检查、第一次安全例会，开展现场初勘，填写项目施工主要施工机械/工器具/安全用具清单及资料和大中型施工机械进场/出场计划，报监理项目部审查	1. 未编制施工安全管控措施，扣1分； 2. 无开工前第一次安全大检查记录、第一次安全例会记录，缺少1项扣1分； 3. 未组织现场初勘，未报审施工机械/工器具/安全用具清单及资料和大中型施工机械进场/出场计划，缺少1项扣1分； 4. 现场及方案中施工机械、工器具、安全用具、大中型施工机械与报审不一致，发现1处扣1分； 5. 未签订安全责任书每人扣1分，最多扣5分	资料核查、现场检查	
五、施工项目部落实专业安全方面（35分）				
1	定期开展安全隐患排查	1. 未开展隐患排查工作的，扣5分； 2. 隐患台账未闭环整改的，扣0.5分/项	资料核查、现场检查	
2	施工项目部按规定开展例行检查、专项检查、随机抽查、安全核查等活动，常态化开展反违章工作，每月至少开展一次安全监督检查；落实各级督查发现的问题整改闭环	1. 未开展安全检查的，扣5分； 2. 无专项活动记录的，扣1分/次； 3. 安全检查问题未闭环处罚整改的，扣2分/项	资料核查、现场检查	
3	落实风险施工管理要求	1. 落实风险管控要求，工程建设主要技术方案一览表、工程施工风险底数作业一本账缺少1项扣2分；	资料核查、现场检查、系统检查	

序号	考评内容	打分标准	评价方法	得分
3	落实风险施工管理要求	2．主要技术方案一览表、工程施工风险底数作业一本账内容不全存在漏项，扣0.5分/项； 3．作业票中所列班组人员未经施工单位组织的岗前培训考试的，扣0.5分/人； 4．作业票中所列人员未在班组人员信息统计表中的，扣0.5分/人； 5．工程作业票与现场实际不相符的，扣1分/处	资料核查、现场检查、系统检查	
4	施工项目部应编制同进同出、到岗到位计划	1．未编制同进同出、到岗到位计划表，扣2分； 2．同进同出、到岗到位人员与计划不符的，扣1分/人	资料核查、系统核查	
5	深化作业单元管控长效机制，施工项目部建立作业层班组去向台账，并每日公示，确保作业层班组去向清晰、人员受控	1．未建立班组去向台账，扣1分； 2．班组去向台账未每日更新公示，每次扣0.5分； 3．项目部对作业班组及班组主要人员去向不掌握，扣1分/班组，扣0.5分/人	资料核查、系统核查	
6	应急及防疫管理	1．未参与编制工程现场应急处置方案，扣2分； 2．应急处置方案中无"五备三报一救护"内容扣1分； 3．现场配置应急救援车辆或应急物资配置不满足"五备三报一救护"要求的，扣1分；	资料核查	

续表

序号	考评内容	打分标准	评价方法	得分
6	应急及防疫管理	4. 项目部及现场防疫物资配置明显不足的, 扣1分; 5. 防疫物资未及时发放到人或无发放记录, 扣1分	资料核查	
7	组织开展应急培训及演练	1. 未编制应急培训演练计划的, 扣1分; 2. 未按计划开展应急培训演练的, 扣1分	资料核查	
8	科学安排工程建设周期	1. 未编制工程施工进度计划表, 扣1分; 2. 缺少隐蔽工程实测实量验收记录, 扣0.5分/项; 3. 作业票不能覆盖工程完成阶段, 每缺少0.5张票, 扣1分	资料检查、系统核查	
9	"抓责任、精管理、固基础"安全主题活动开展	1. 询问项目部人员不了解本工程挂点负责人, 扣1分/人; 2. 施工项目部无主题活动学习宣贯记录, 扣1分/次; 3. 全过程风险管控率低于75%, 扣1分; 4. 线路施工安全风险压降率低于85%, 扣1分; 5. 未落实机械化施工要求, 现场条件具备时, 基础阶段未采用机械化开挖, 组塔阶段未使用流动式起重机或公司准许的抱杆组塔, 架线阶段未采用牵张放线, 三跨区段未采用智能可视化牵张放线, 扣2分/项	资料核查、现场考问	

序号	考评内容	打分标准	评价方法	得分
10	安全基础管理提升十二项措施落实	1. 现场检查公司科技保安措施、现场安全管控强制性措施、标准化作业指导卡落实情况，未落实的扣 2 分/项； 2. 作业现场未按要求设置"禁入区""作业区"的，扣 1 分/处	随机考问、现场检查	

表 2-11　　基建专业作业班组考评验收评分表

序号	考评内容	打分标准	评价方法	得分
一、班组人员配置方面（20 分）				
1	班组成立及报审	1. 班组应在入场作业报审前由施工单位发布成立文件，无成立文件或成立文件中主要人员配置不全的（否决项）； 2. 现场班组骨干人员与成立文件不一致，扣 1 分/人； 3. 班组骨干发生变更应及时履行变更报审手续，无变更手续的，扣 1 分； 4. "e 基建"系统中班组人员与班组成立文件不一致，扣 0.5 分/人	资料核查、现场检查、系统核查	
2	班组应根据专业特点和工程建设阶段，配置足额合格的班组骨干人员，以及高空作业工、电工、焊工、测工、机械操作工等技能人员	1. 班组负责人、班组安全员、班组技术员由劳务分包人员担任（否决项）； 2. 班组骨干人员配置不足，每缺少 1 人扣 3 分； 3. 班组技能人员配置不足，每缺少 1 人扣 1 分	资料检查、系统检查	

续表

序号	考评内容	打分标准	评价方法	得分
3	班组人员资格及任职条件	1. 班组人员未通过安全准入考试的（否决项）； 2. 班组骨干人员未参加或通过国网公司统一岗前培训考试，扣3分/人； 3. 班组人员未签订劳动合同、购买意外伤害保险、体检合格、录入实名制信息库的，1分/人； 4. 班组骨干人员对"e基建"操作不熟练，不能正确完成线上作业票办理及每日站班会录入，扣1分/人	资料核查、系统核查	
二、班组器具配备方面（15分）				
1	机具存放和管理	1. 未设置独立的施工工具、安全工具（含绝缘工器具、防护工器具、文明施工设施）存放区域的，扣2分； 2. 未规范定置管理的，标识不清、不全的，扣0.5分/项；损坏机具、工器具未分别管理的，扣1分； 3. 进场设备材料分区堆放管理，堆放不整齐、无标识，扣1分/项	资料核查、现场检查	
2	消防管理	1. 班组驻地、办公区、库房未按规定配备足量、合格、有效的消防器材，扣2分/项； 2. 消防设施未定期检查的，扣1分/处；	资料核查、现场检查	

61

续表

序号	考评内容	打分标准	评价方法	得分
2	消防管理	3. 班组驻地存在私拉乱接电线等火灾隐患的，扣 1 分/处	资料核查、现场检查	
3	班组工器具、仪器仪表、材料管理	1. 班组无工器具台账、仪器表台账、材料台账，无对应出入库记录、检测记录的，每项扣 2 分； 2. 班组工器具、仪器仪表、材料账物不符，每项扣 1 分	资料核查、现场检查	
三、班组安全培训方面（15 分）				
1	班组人员入场	1. 入场班组人员、劳务派遣人员无安全培训记录的，扣 2 分/人； 2. 特种作业人员或特种设备操作人员未获得相关证照、证件过期等，扣 3 分/人	资料核查、现场检查	
2	施工作业前培训	1. 作业前，未对班组人员开展施工方案、三措培训交底，无班组级交底记录的，扣 1 分/人； 2. 培训交底未全覆盖的，交底签名代签的，扣 0.5 分/人	资料核查、现场检查	
3	定期开展安全教育培训	1. 班组人员无教育培训记录，扣 2 分； 2. 班组人员教育培训未全员开展，培训记录签名不全，扣 0.5 分/人次； 3. 组人员教育培训内容针对性不强，未结合班组作业实际情况，包含与当前阶段及工程实际无关内容的，扣 0.5 分/处	资料核查、现场检查	

续表

序号	考评内容	打分标准	评价方法	得分
四、班组安全例行工作方面（15分）				
1	班组应编制安全责任清单。	1. 未按照岗位编制安全责任清单，扣2分； 2. 安全责任清单内容与实际不符的，扣1分/处； 3. 班组人员对班组安全责任清单和自身安全责任清单不熟悉的，扣1分/人	资料核查、现场检查	
2	班组人员应掌握工程管理安全各项要求，对"4·22""9·1"等安全事故事件经过、原因、暴露问题清楚掌握	1. 班组人员对"4·9""4·16""4·22""9·1"安全事故未组织学习的，扣2分； 2. "4·9""4·16""4·22""9·1"事件经过、原因、暴露的问题不清楚，扣1分/人	资料核查、现场考问	
3	班组驻地管理	1. 班组驻地未设置办公室或会议室等培训学习会议场所的，扣1分/处； 2. 班组标示、工程建设目标牌、应急联络牌、施工风险动态管控公示牌、班组骨干公示牌等不全，缺少一处扣1分	现场检查	
4	班组考核管理	1. 无班组日志的，扣2分；班组日志不全、记录不规范的，扣0.5分/处； 2. 未按照班组绩效考核标准对违章问题责任落实到个人或无相关考核记录，每项问题扣1分	资料检查	

续表

序号	考评内容	打分标准	评价方法	得分
五、班组落实专业安全方面（35分）				
1	落实安全隐患排查	1. 未开展隐患排查工作的，扣5分； 2. 隐患台账未闭环整改的，扣0.5分/项	资料核查、现场检查	
2	班组按规定开展安全检查，常态化开展反违章工作，每月至少开展一次安全监督检查；落实各级督查发现的问题整改闭环	1. 未定期开展安全检查的，扣5分； 2. 安全检查问题未闭环处罚整改的，扣2分/项	资料核查、现场检查	
3	落实现场安全风险管控要求	1. 现场作业人员未全部纳入作业票管理（否决项）； 2. 作业票中工作内容、安全措施等存在明显错误或漏项，每张票扣1分； 3. 作业票交底不全、作业内容告知不全的，每张票扣1分； 4. 作业票中所列人员对当日作业内容不清楚的，每人扣0.5分	资料核查、现场检查、系统检查、现场考问	
4	现场作业标准化执行	1. 现场作业未按照安全文明施工标准化布防进行布置的，扣0.5分/处； 2. 作业过程未执行标准化作业指导卡的，扣2分；作业指导卡执行不规范，模板应用错误、内容未及时填写等，扣1分/项； 3. 班组骨干对移动布控球机设要求不清楚或布设不规范的，扣1分；	资料核查、现场检查、系统检查、现场考问	

续表

序号	考评内容	打分标准	评价方法	得分
4	现场作业标准化执行	4. 线路工程施工作业现场未按要求设置"禁入区""作业区"的，扣1分/处； 5. 现场安全管控强制性措施执行不到位，扣2分/处	资料核查、现场检查、系统检查、现场考问	
5	"三算四验五禁止"安全强制措施落实	1. 班组骨干人员不掌握"五禁止"内容，班组安全员不掌握"四验"内容，班组技术员不掌握"三算"内容，扣2分/人； 2. 现场地锚、拉线、地脚螺栓、临近带电体作业安全距离等不符合要求，扣1分/处	现场检查、现场考问。	
6	应急及防疫管理	1. 班组骨干人员不掌握"五备三报一救护"要求，扣1分/人； 2. 根据作业层班组的作业类别，在现场配备的折叠式担架、应急药箱、救生软梯、止血绷带、氧气面罩、防毒面具等专业应急救援物资以及能够平放一副担架的应急救援车辆每缺少一种扣1分； 3. 班组人员未参与应急培训演练，扣0.5分/人次； 4. 班组防疫物资配置明显不足的，扣1分	资料检查、现场检查、现场考问。	

表 2-12　调度运行专业安全生产班组考评验收评分表

序号	评价内容	评分标准	评价方法	得分
一、班组人员配置方面（20 分）				
1	班组人员结构设置是否合理	班组长、安全员、技术员等关键岗位人员是否配置到位，每少 1 人扣 3 分	查阅班组岗位配置文件	
2	班组人员配置率	班组人员配置率未达到 90%及以上的扣 3 分	核对班组人员配置情况	
3	借用、借调人员管理	发现无手续借用、借调人员未全部返岗的扣 5 分	检查借用、借调人员使用情况，查阅借调手续	
4	班组承载力分析	1．未开展班组承载力分析的扣 3 分；2．班组承载力分析与实际工作不相符不能有效反映工作强度的扣 1 分；3．未及时向公司反映承载力分析结果的扣 1 分	查阅承载力分析记录	
二、班组器具配备方面（15 分）				
1	调度值班场所消防设施是否配齐	1．调度值班场所未配置消防设施的扣 3 分；2．调度值班场所消防设施未配齐的扣 1 分	查看调度值班场所消防栓、灭火器、防毒面具等消防设施配置情况	
2	调度值班场所消防设施是否合格	调度值班场所存放使用不合格或超检验周期的消防设备发现一项扣 2 分	查看调度值班场所消防设施合格证及检验情况	
3	调度录音电话、卫星电话配置及维护	1．调度录音电话功能不正常，无录音或录音缺失等扣 3 分；2．调度值班场所未配置卫星电话的扣 3 分；3．未定期检查维护卫星电话保证正常使用的扣 1 分	查看调度值班场所录音电话功能、卫星电话配置及是否可以正常使用	

续表

序号	评价内容	评分标准	评价方法	得分
三、班组安全培训方面（15分）				
1	公司安全生产班组人员考评	未全员参加公司安全生产班组人员考评的，发现一人扣2分	查看公司安全生产班组人员考评结果	
2	新入职、转岗人员班组安全培训	1. 新入职、转岗人员班组安全培训不合格即上岗的，发现一人扣2分； 2. 新入职、转岗人员班组安全培训不全面即上岗的，发现一人扣1分	查看新入职、转岗人员班组安全培训考评记录	
3	班组人员安全教育培训档案	1. 未建立班组人员个人安全教育培训档案的扣2分 2. 建立班组人员个人安全教育培训档案但内容不合理、不全面的扣1分	查阅班组人员个人安全教育培训档案	
四、班组安全例行工作方面（15分）				
1	班组岗位安全责任清单	1. 未制定班组岗位安全责任清单的扣2分； 2. 班组岗位安全责任清单内容有盲区空挡的，发现一处扣1分； 3. 班组成员不了解本人清单内容的扣1分	查看班组岗位安全责任清单，随机考问班组成员	
2	班组安全生产目标责任书	1. 班组安全生产目标责任书与工作实际不相符的扣1分； 2. 班组成员不熟悉本单位安全目标的扣1分	查看班组安全生产目标责任书，随机考问班组成员	
3	调度操作票汇总、分析	班组未按照要求每月统计汇总、分析评价调度操作票执行情况的，发现一处扣1分	查看调度操作票分析统计记录	

续表

序号	评价内容	评分标准	评价方法	得分
4	安全日学习活动	1．未每周开展班组安全日学习活动的扣3分； 2．未学习"4•9""4•16""4•22""9•1"等安全事故事件内容的扣2分	查看班组安全日学习活动记录及安全事故事件学习资料	
五、班组落实专业安全方面（35分）				
1	隐患排查工作	1．班组未常态化开展隐患排查工作的扣5分； 2．无班组隐患标准和隐患清单的扣5分	检查班组隐患排查标准和隐患清单	
2	班组反违章	1．未开展班组反违章工作的扣5分； 2．无个人违章记分档案的扣2分； 3．违章情况未闭环处罚整改的扣2分	检查班组反违章工作记录	
3	电网风险管控	1．未开展电网事件风险操作前风险预警安全措施落实的扣5分； 2．电网事件风险操作前未落实电网风险预警的，发现一次扣2分； 3．未针对五级及以上电网事件风险制定专项调度反事故预案的，发现一次扣2分	查阅电网风险预警落实记录及调度反事故预案	

表2-13 二次检修专业安全生产班组考评验收评分表

序号	评价内容	评分标准	评价方法	得分
一、班组人员配置方面（20分）				
1	班组人员到岗率是否满足要求	到岗率低于90%扣3分	核对班组花名册，核对班组人员配置情况	

续表

序号	评价内容	评分标准	评价方法	得分
2	班组长、安全员、技术员等关键岗位是否配置到位	每少 1 人扣 3 分	核对班组花名册，核对班组关键岗位到位情况	
3	工作负责人占比是否满足作业要求	工作负责人占比低于40%扣 2 分	查本单位"三种人"花名册	
4	班组承载力分析是否与实际相符	未开展承载力分析扣3 分	查专业技术资格或职业资格	
5	无手续借用、借调人员是否全部返岗	未全部返岗扣 5 分	查借用、借调人员手续	
二、班组器具配备方面（15 分）				
1	班组个人防护器具、个人作业工具配置是否符合标准要求	不符合标准要求扣 3分	核对个人防护器具、个人作业工具清单	
2	班组安全工器具、仪器仪表是否满足现场安全作业条件	不满足作业条件每类扣 2 分	检查班组安全工器具、仪器仪表	
3	班组安全工器具、仪器仪表配置是否满足标准要求	不符合配置标准每类扣 2 分	核对班组安全工器具、仪器仪表清单	
4	安全工器具、常用仪器仪表是否超检验周期	超检验周期扣 2 分	查安全工器具、仪器仪表检验日期	
5	安全工器具、仪器仪表账卡物是否一致	账卡物不一致每项扣2 分	查安全工器具、仪器仪表与账卡物对应情况	
三、安全培训方面（15 分）				
1	班组人员是否全员参加公司安全生产班组人员考评	班组人员未全员参加考评，每缺少一人扣 2分	查参加考评人员名单、考评结果	

序号	评价内容	评分标准	评价方法	得分
2	班组劳务派遣人员是否视同班组人员参加安全责任清单、两票管理规定等安全制度要求的培训，参与班组作业的外包人员、队伍准入成绩是否合格有效	班组未开展劳务派遣人员培训、人员未参加或成绩不合格扣2分	查劳务派遣人员培训相关资料	
3	是否制定班组安全教育培训计划（年度、月度），是否按计划全员参加班组安全教育培训	未制定安全教育培训计划扣3分，未按计划开展培训扣1分，未全员参加安全教育培训扣1分	查班组安全教育培训计划，查班组安全教育培训签到表、培训记录等	
4	新入职、转岗人员班组安全培训是否合格	未开展新入职、转岗人员班组安全培训扣4分，每不合格一人扣2分	查入职、转岗人员班组安全考试记录	
5	是否建立班组人员（包括被派遣劳动者）个人安全教育培训档案	未建立个人安全教育培训档案扣2分，每缺少一份扣1分	查个人安全教育培训档案	
四、班组安全例行工作方面（15分）				
1	班组岗位安全责任清单内容是否有盲区空挡，班组人员是否了解本人清单内容	班组岗位安全责任清单内容不完整扣2分，班组人员不了解本人清单内容扣1分	查班组及各岗位安全责任清单，考问班组人员	
2	班组安全生产目标责任书是否与工作实际相符，是否熟悉掌握本单位安全目标	安全生产目标责任书与实际不符或不熟悉本单位安全目标扣1分	查安全生产目标责任书	
3	班组是否按照要求每月统计汇总、分析评价工作票、二次安全措施票、作业指导书执行情况	未开展自评价扣1分，自评价不规范每份扣0.5分	查作业指导书、工作票、二次安全措施票自评价结果	

70

序号	评价内容	评分标准	评价方法	得分
4	是否每周开展班组安全日学习活动，是否学习"4·9""4·16""4·22""9·1"等安全事故事件	安全日学习活动每缺少1次扣1分，未学习安全事故事件扣2分	查班组安全日活动记录	
五、落实专业安全方面（35分）				
1	班组是否常态化开展隐患排查工作，是否有本班组隐患标准和发现的隐患清单	未落实隐患排查相关要求或无隐患清单扣5分	查上级单位下发的专项隐患排查工作落实情况	
2	是否开展班组反违章工作，是否有个人违章记分档案，是否闭环处罚整改	班组未开展反违章扣5分，未建立个人违章档案或未闭环处罚整改扣2分	查班组违章记录、考核等资料	
3	是否开展作业前的风险辨识及管控措施制定工作，作业风险等级定级是否准确	未开展风险辨识及管控措施制定扣5分，作业风险等级定级不准确每项扣0.5分	查2022年检修作业计划、检修方案等	
4	是否落实继电保护安全二十条禁令、自动化专业十禁止、继电保护和自动化专业现场安全管理硬措施	未落实相关要求每项扣3分	区调组织远程督查或现场督查发现的问题	
5	班组存档的安全规章制度、继电保护运行管理规程、技术规范、应急预案等是否齐全，并严格执行	未严格执行扣3分，每缺少一份扣1分	查存档的安全规章制度、继电保护运行管理规程、技术规范清单	
6	班组缺陷、隐患、风险、反措、二次设备、备品备件等台账信息是否完善、准确	每缺少一类台账扣3分，每类台账信息不完善、不准确扣0.5分	查缺陷、隐患、风险、反措、二次设备、备品备件等台账信息	

表 2-14 主站调度自动化专业安全生产班组
考评验收评分表

序号	评价内容	评分标准	评价方法	得分
一、班组人员配置方面（20分）				
1	班组人员到岗率是否满足要求	到岗率低于90%扣3分	核对班组花名册，核对班组人员配置情况	
2	是否配足配齐系统管理员、安全员、网络管理员、数据库管理员等关键岗位	每少一人扣3分	核对班组花名册，核对班组关键岗位到位情况	
3	工作负责人占比是否合适	工作负责人占比低于40%，扣2分	查本单位三种人花名册	
4	班组承载力分析是否与实际相符	未开展承载力分析扣3分	查专业技术资格或职业资格	
5	无手续借用、借调人员是否全部返岗	未全部返岗扣5分	查借用、借调人员手续	
二、班组器具配备方面（15分）				
1	班组个人防护器具、个人作业工具配置是否符合标准要求	不符合标准要求扣3分	核对个人防护器具、个人作业工具清单	
2	班组安全工器具、仪器仪表是否满足现场安全作业条件	不满足作业条件每类扣2分	检查班组安全工器具、仪器仪表	
3	班组安全工器具、仪器仪表配置是否满足标准要求	不符合配置标准每类扣2分	核对班组安全工器具、仪器仪表清单	
4	安全工器具、常用仪器仪表是否超检验周期	超检验周期扣2分	查安全工器具、仪器仪表检验日期	
5	安全工器具、仪器仪表账卡物是否一致	账卡物不一致每项扣2分	查安全工器具、仪器仪表与账卡物对应情况	

续表

序号	评价内容	评分标准	评价方法	得分
三、安全培训方面（15 分）				
1	班组人员是否全员参加公司安全生产班组人员考评	班组人员未全员参加考评，每缺少一人扣 2 分	查参加考评人员名单、考评结果	
2	班组劳务派遣人员是否视同班组人员参加安全责任清单、两票管理规定等安全制度要求的培训，参与班组作业的外包人员、队伍准入成绩是否合格有效	班组未开展劳务派遣人员培训、人员未参加或成绩不合格扣 2 分	查劳务派遣人员培训相关资料	
3	是否制定班组安全教育培训计划（年度、月度），是否按计划全员参加班组安全教育培训	未制定安全教育培训计划扣 3 分，未按计划开展培训扣 1 分，未全员参加安全教育培训扣 1 分	查班组安全教育培训计划，查班组安全教育培训签到表、培训记录等	
4	新入职、转岗人员班组安全培训是否合格	未开展新入职、转岗人员班组安全培训扣 4 分，每不合格一人扣 2 分	查入职、转岗人员班组安全考试记录	
5	是否建立班组人员（包括被派遣劳动者）个人安全教育培训档案	未建立个人安全教育培训档案扣 2 分，每缺少一份扣 1 分	查个人安全教育培训档案	
四、班组安全例行工作方面（15 分）				
1	班组岗位安全责任清单内容是否有盲区空挡，班组人员是否了解本人清单内容	班组岗位安全责任清单内容不完整扣 2 分，班组人员不了解本人清单内容扣 1 分	查班组及各岗位安全责任清单，考问班组人员	
2	班组安全生产目标责任书是否与工作实际相符，是否熟悉掌握本单位安全目标	安全生产目标责任书与实际不符或不熟悉本单位安全目标扣 1 分	查安全生产目标责任书	

序号	评价内容	评分标准	评价方法	得分
3	班组是否按照要求每月统计汇总、分析评价工作票、标准化作业指导卡执行情况	未开展自评价扣1分，自评价不规范每份扣0.5分	查作业指导卡、工作票自评价结果	
4	是否每周开展班组安全日学习活动，是否学习"4·9""4·16""4·22""9·1"等安全事故事件	安全日学习活动每缺少1次扣1分，未学习安全事故事件扣2分	查班组安全日活动记录	
五、落实专业安全方面（35分）				
1	班组是否常态化开展隐患排查工作，是否有本班组隐患标准和发现的隐患清单	未落实隐患排查相关要求或无隐患清单扣5分	查上级单位下发的专项隐患排查工作落实情况	
2	是否开展班组反违章工作，是否有个人违章记分档案，是否闭环处罚整改	班组未开展反违章扣5分，未建立个人违章档案或未闭环处罚整改扣2分	查班组违章记录、考核等资料	
3	是否开展作业前的风险辨识及管控措施制定工作，作业风险等级定级是否准确	未开展风险辨识及管控措施制定扣5分，作业风险等级定级不准确每项扣0.5分	查2022年检修作业计划、检修方案等	
4	是否落实调度自动化主站生产现场作业"九不干"、电力监控系统作业十禁止、自动化主站作业现场安全管理硬措施	未落实相关要求每项扣3分	区调组织远程督查或现场督查发现的问题	
5	班组存档的安全规章制度、运行管理规程、技术规范、应急预案等是否齐全、有效，并严格执行	未严格执行扣3分，每缺少一份扣1分	查存档的安全规章制度、运行管理规程、技术规范清单	

序号	评价内容	评分标准	评价方法	得分
6	班组缺陷、隐患、风险、反措、自动化设备、备品备件等台账信息是否完善、准确	每缺少一类台账扣3分，每类台账信息不完善、不准确扣0.5分	查缺陷、隐患、风险、反措、自动化设备、备品备件等台账信息	

表 2-15　通信专业安全生产班组考评验收评分表

序号	评价内容	评分标准	评价方法	得分
一、班组人员配置方面（20分）				
1	班组人员到岗率是否满足要求	到岗率低于90%扣3分	核对班组花名册，核对班组人员配置情况	
2	班组长、安全员、技术员等关键岗位是否配置到位	每少1人扣3分	核对班组花名册，核对班组关键岗位到位情况	
3	工作负责人占比是否满足作业要求	工作负责人占比低于40%扣2分	查本单位三种人正式文件及花名册	
4	班组承载力分析是否与实际相符	未开展承载力分析扣3分	查专业技术资格或职业资格	
5	无手续借用、借调人员是否全部返岗	未全部返岗扣5分	查借用、借调人员手续	
二、班组器具配备方面（15分）（信息通信调度监控中心调度班不涉及此项，该项得满分）				
1	班组个人防护器具、个人作业工具配置是否符合标准要求	不符合标准要求扣3分	核对个人防护器具、个人作业工具清单	
2	班组安全工器具、仪器仪表是否满足现场安全作业条件	不满足作业条件每类扣2分	检查班组安全工器具、仪器仪表	
3	班组安全工器具、仪器仪表配置是否满足标准要求	不符合配置标准每类扣2分	核对班组安全工器具、仪器仪表清单	

序号	评价内容	评分标准	评价方法	得分
4	安全工器具、常用仪器仪表是否超检验周期	超检验周期扣2分	查安全工器具、仪器仪表检验日期	
5	安全工器具、仪器仪表账卡物是否一致	账卡物不一致每项扣2分	查安全工器具、仪器仪表与账卡物对应情况	
三、安全培训方面（15分）				
1	班组人员是否全员参加公司安全生产班组人员考评	班组人员未全员参加考评，每缺少一人扣2分	查参加考评人员名单、考评结果	
2	班组劳务派遣人员是否视同班组人员参加安全责任清单、两票管理规定等安全制度要求的培训，参与班组作业的外包人员、队伍准入成绩是否合格有效	班组未开展劳务派遣人员培训、人员未参加或成绩不合格扣2分	查劳务派遣人员培训相关资料	
3	是否制定班组安全教育培训计划（年度、月度），是否按计划全员参加班组安全教育培训	未制定安全教育培训计划扣3分，未按计划开展培训扣1分，未全员参加安全教育培训扣1分	查班组安全教育培训计划，查班组安全教育培训签到表、培训记录等	
4	新入职、转岗人员班组安全培训是否合格	未开展新入职、转岗人员班组安全培训扣4分，每不合格一人扣2分	查入职、转岗人员班组安全考试记录	
5	是否建立班组人员（包括被派遣劳动者）个人安全教育培训档案	未建立个人安全教育培训档案扣2分，每缺少一份扣1分	查个人安全教育培训档案	

续表

序号	评价内容	评分标准	评价方法	得分
四、班组安全例行工作方面（15分）				
1	班组岗位安全责任清单内容是否存在盲区，班组人员是否了解本人清单内容	班组岗位安全责任清单内容不完整扣2分，班组人员不了解本人清单内容扣1分	查班组及各岗位安全责任清单，考问班组人员	
2	班组安全生产目标责任书是否与工作实际相符，是否熟悉掌握本单位安全目标	安全生产目标责任书与实际不符或不熟悉本单位安全目标扣1分	查安全生产目标责任书	
3	班组是否按照要求每月统计汇总、分析评价工作票、作业指导书（卡）执行情况	未开展自评价扣1分，自评价不规范每份扣0.5分	查工作票、作业指导书（卡）自评价结果	
4	是否每周开展班组安全日学习活动，是否学习"4·9""4·16""4·22""9·1"等安全事故事件	安全日学习活动每缺少1次扣1分，未学习安全事故事件扣2分	查班组安全日活动记录	
五、落实专业安全方面（35分）				
1	班组是否常态化开展隐患排查工作，是否有本班组隐患标准和发现的隐患清单	未落实隐患排查相关要求或无隐患清单扣5分	查上级单位下发的专项隐患排查工作落实情况	
2	是否开展班组反违章工作，是否有个人违章记分档案，是否闭环处罚整改	班组未开展反违章扣5分，未建立个人违章档案或未闭环处罚整改扣2分	查班组违章记录、考核等资料	
3	是否开展作业前的风险辨识及管控措施制定工作，作业风险等级定级是否准确	未开展风险辨识及管控措施制定扣5分，作业风险等级定级不准确每项扣0.5分	查2022年检修作业计划、检修方案等	
4	是否落实通信专业现场安全管理硬措施	未落实相关要求每项扣3分	区调组织远程督查或现场督查发现的问题	

序号	评价内容	评分标准	评价方法	得分
5	班组存档的安全规章制度、继电保护运行管理规程、技术规范、应急预案等是否齐全，并严格执行	未严格执行扣3分，每缺少一份扣1分	查存档的安全规章制度、通信运行检修管理规程、技术规范清单	
6	班组缺陷、隐患、风险、反措、备品备件等台账信息是否完善、准确	每缺少一类台账扣3分，每类台账信息不完善、不准确扣0.5分	查缺陷、隐患、风险、反措、备品备件等台账信息	

表 2-16　施工类省管产业单位班组（项目部）

考评验收评分表

序号	考评内容	打分标准	评价方法	得分
一、班组（项目部）人员配置方面（20分）				
1	是否根据班组编制或项目部成立文件配足配齐	班组长（项目经理）、安全员、技术员等关键岗位是否配足配齐，少1人扣3分，核心班组人员配置率未达到90%扣3分	核对人资部岗位设置文件、班组花名册和项目部成立文件，核实班组关键岗位按文件配置到位情况	
2	各级专业部门是否抽调班组或项目部人员，是否未履行借用手续	专业部门抽调人员未履行借用手续，未返岗扣5分	核对人资部班组人员借用手续，核实班组或项目部花名册与班组或项目部安全日活动、安全例会签到记录等	
3	作业层班组或项目部实际在岗人员数量是否满足承载力需求	作业层班组人员及工种配置数量不少于《输变电工程建设施工作业层班组建设、四不两直手册》（基建安质〔2021〕26号）中2.2人员及工种配置要求，未开展扣3分	核对项目部、作业层班组成立文件，基建"E安全"实名制人员，是否满足《基建安质〔2021〕26号》中2.2人员及工种配置要求	

续表

序号	考评内容	打分标准	评价方法	得分
4	班组长（项目经理）、安全员、技术员等关键岗位人员任职资格条件是否满足要求	班组长、安全员、技术员等任职资格条件不满足《输变电工程建设施工作业层班组建设、四不两直手册》（基建安质〔2021〕26号）中2.3人员任职资格条件，不满足条件的每人扣0.5分	核对班组长、安全员、技术员等人员信息是否达到《输变电工程建设施工作业层班组建设、四不两直手册》（基建安质〔2021〕26号）中2.3人员任职资格条件要求	
5	是否持证上岗	班组长、安全员、技术员等按要求取得B、C类资格证书，以及特种作业资格证（带电作业证，高空作业证、无人机驾驶证、有限空间作业证、高压电工证，高压试验证书）人员，未取得证书每人扣2分	核对项目部、作业层班组成立文件，核实人员是否取得资质证书并在有效期内	
二、班组（项目部）器具配备方面（15分）				
1	安全工器具、个人保安及防护用品种类、数量是否符合规定	班组安全工器具配置数量少于《国家电网有限公司电力安全工器具管理规定》附件8要求的数量，每项扣1分	核实班组（项目部）安全工器具台账、实物是否满足《国家电网有限公司电力安全工器具管理规定》附件8规定的数量	
2	施工机具、安全工器具是否统一管理、定置摆放	班组无独立的施工工具、安全工具（含绝缘工器具、防护工器具、文明施工设施）临时摆放区域或专用区域、未使用货架摆放整齐定置管理每项扣2分，无防火、防潮、防虫蛀、防损坏等可靠措施每项扣2分	检查班组施工工具、安全工具临时摆放区域或专用区域是否定制管理并采取防火等措施	

序号	考评内容	打分标准	评价方法	得分
3	施工机具、安全工器具、个人保安及防护用品种是否按规定进行预防性试验	施工机具、安全工器具、个人保安及防护用品种无预防性试验报告或不齐全，以及超周期的每项扣1分	对照班组施工机具、安全工器具个人保安及防护用品种台账，检查预防性试验报告、检查记录是否齐全	
三、班组（项目部）安全培训方面（15分）				
1	安全教育培训覆盖率是否达到100%，未按期参加培训的人员是否补学并做好记录	班组（项目部）人员安全教育培训覆盖率未达到100%，每少1人扣2分（未按期参加培训的人员进行了补学不扣分）	查阅班组（项目部）安全教育培训计划、个人培训记录或培训档案	
2	劳务派遣人员是否视同班组人员参加安全责任清单、两票管理规定等安全制度要求的培训	未参加培训或者考试不合格者扣2分	参照《国家电网有限公司安全教育培训工作规定》，查阅班组（项目部）安全教育培训计划和个人培训记录	
3	全员参加安全基础管理验收考试	1. 应考未考，扣2分/人； 2. 考试不合格，扣2分/人	查看考试人员名册及考试成绩	
四、班组（项目部）安全例行工作方面（15分）				
1	是否每周进行一次安全日活动，活动内容是否联系实际并做好活动记录	未按要求每周进行安全日活动，缺少1次扣1分。未学习"4·9""4·16""4·22""9·1"等安全事故事件扣2分	参照《国家电网有限公司安全工作规定》，抽查10月-12月份是否每周开展一次安全日活动，活动是否有签到表、活动记录等	

续表

序号	考评内容	打分标准	评价方法	得分
2	是否开展反违章工作，是否建立违章记分档案。个人违章是否按规定进行警示教育并给予"黄牌"警告。	未开展反违章工作，扣5分；违章记分档案内容与实际不符，每项扣1分。个人违章记分达到12分，未进行警示教育培训并给予"黄牌"警告，每发现1人扣1分	查阅违章自查自纠记录、违章记分档案、警示教育培训记录、个人"黄牌"警告记录等	
3	是否开展安全隐患排查治理，安全隐患是否落实整改措施、责任人和整改时限，隐患档案是否进行公示	未开展安全隐患排查治理，扣5分；安全隐患未录入隐患管理系统，每条扣0.5分；隐患未明确整改措施、责任人和整改时限，每条扣0.5分；安全隐患未常态化公示，扣1分	查阅安全隐患清单，安全隐患公示记录等	
4	施工项目部按规定开展例行检查、专项检查、随机抽查、安全核查等活动，每月至少开展一次安全监督检查；落实各级督查发现的问题整改闭环	1. 未开展安全检查的，扣5分； 2. 无专项活动记录的，扣1分/次； 3. 各级督查发现问题未整改闭环，扣0.5分/项	资料核查、现场检查	增加该项
五、班组（项目部）落实专业安全方面（35分）				
1	是否建立本级机构安全责任清单，机构清单内容是否全面并与实际业务相符	班组（项目部）安全责任清单内容覆盖不全面、内容有遗漏，清单内容与班组（项目部）业务实际不相符每项扣1分	对照《国网安监部关于印发安全责任清单典型模板的通知》（安监三〔2020〕27号），检查班组（项目部）安全责任清单内容是否遗漏，查阅班组（项目部）安全责任清单中是否包含了与业务实际不相符的内容	

序号	考评内容	打分标准	评价方法	得分
2	是否建立岗位安全责任清单，岗位清单内容是否覆盖全员并与岗位实际相符。	班组（项目部）岗位安全责任清单未覆盖全部岗位，每少一个岗位扣2分。岗位责任清单内容与岗位实际不相符，每项内容扣1分	对照《国网安监部关于印发安全责任清单典型模板的通知》（安监三〔2020〕27号），检查岗位安全责任清单内容是否遗漏，清单内容中是否包含了与岗位实际不相符的内容	
3	是否落实标准化作业要求	无标准化作业指导书模板资料、作业现场未使用标准化作业指导书，扣5分	查阅标准化作业指导书模板、作业现场标准化作业指导书等现场资料	
4	是否严格作业计划管控	作业计划未录入安全风险管控平台或基建E安全系统，每条计划扣1分；临时计划或计划内容有调整未履行报批手续，每条扣1分	作业计划审定记录、会议纪要；风险管控系统作业计划、工作票或作业票内容等	
5	是否按要求召开班前会、班后会	作业前未组织召开班前会，每次扣1分；作业结束后未组织召开班后会，每次扣1分	查阅班前会、班后会记录	
6	是否开展作业前的风险辨识及管控措施制定工作	未开展作业前的风险辨识及管控措施制定工作扣5分	查风险管控措施及记录	
7	施工机具、安全工器具是否按规定定期检查、维护	班组施工机具、安全工器具无专人管理、未建立台账、未按月进行检查维护每项扣2分，帐、卡、物不符、不合格工器具与合格工器具混放或不合格工器具未做禁止使用标识每项扣2分	检查班组施工机具、安全工器具台账与实物是否相符，检查维护记录是否齐全，不合格工器具是否与合格工器具混放	

续表

序号	考评内容	打分标准	评价方法	得分
8	施工机具、安全工器具领用归还是否履行交接登记手续并检查	班组安全工器具无领用归还记录，领用归还时未履行交接和登记手续每项扣1分	检查班组施工机具、安全工器具领用归还记录，是否存在领用、归还未登记等情况	
9	是否建立个人安全教育培训档案，档案内容是否与实际相符	班组（项目部）人员未建立个人安全教育培训档案，未建立扣2分；档案不全扣1分	查阅班组（项目部）安全教育培训计划、个人安全教育培训档案	
10	参与作业的外包人员、临时参加工作的厂家配合人员队伍安全准入是否开展，考试成绩是否合格，技能准入是否全员开展	1. 参与作业的外包人员没有进行安全准入，扣2分/人。2. 厂家配合人员等临时进场作业人员，没有采取动态培训和考试方式实施准入，未培训和考试扣2分/人	检查人员安全准入情况	

表 2-17 专业类省管产业单位专业室（中心）及项目部考评验收评分表

序号	考评内容	打分标准	评价方法	得分
一、专业室（中心）及项目部人员配置方面（20分）				
1	是否根据编制或项目部成立文件设置配足配齐关键岗位人员	承揽项目所配置的总监、专监及工作负责人、安全员、技术员等关键岗位是否配足配齐，每空缺一个岗位扣3分	核对人资部岗位设置文件、项目部成立文件，核实关键岗位按文件配置到位情况	
2	是否抽调专业室（中心）或项目部人员，是否未履行借用手续	上级抽调人员未履行借用手续，未返岗扣5分	核对人资部班组人员借用手续，核实专业室（中心）或项目部花名册与专业室（中心）或项目部安全日活动、安全例会签到记录等	

续表

序号	考评内容	打分标准	评价方法	得分
3	实际在岗人员数量是否满足承载力需求	专业室（中心）负责人及作业人员配置不少于批准作业计划峰值需求数量，监理项目部人员配置数量不少于《国家电网有限公司监理项目部标准化管理手册》中监理项目部人员配置要求，未开展扣 3 分	核对专业室（中心）负责人及作业人员是否满足批准作业计划峰值需求数量，监理项目部人员配置是否满足项目部成立文件要求	
4	总监、专监及工作负责人、安全员、技术员等关键岗位人员任职资格条件是否满足要求	总监、专监及工作负责人、安全员、技术员等关键岗位人员任职资格条件不满足任职资格条件的每人扣 0.5 分	核对总监、专监，工作负责人、安全员、技术员等关键岗位人员等人员信息是否达到任职资格条件要求	
5	是否持证上岗	总监、专监，以及特种作业资格证（高压电工证，高压试验证书、通信信息）人员未取得证书每人扣 2 分	核实人员是否取得资质证书并在有效期内	
二、专业室（中心）及项目部器具配备方面（15 分）				
1	安全工器具、个人保安及防护用品种类、数量是否符合规定	安全工器具配置数量少于《国家电网有限公司电力安全工器具管理规定》附件 8 要求的数量，每项扣 1 分	核实安全工器具台账、实物是否满足《国家电网有限公司电力安全工器具管理规定》附件 8 规定的数量	
2	安全工器具、生产工器具、试验仪器是否统一管理、定置摆放	无独立的试验仪器、生产工器具、安全工器具（含绝缘工器具、防护工器具、文明施工设施）临时摆放区域或专用区域、未使用货架摆放整齐定置管理每项扣 2 分，无防火、防潮、防虫蛀、防损坏等可靠措施每项扣 2 分	检查试验仪器、生产工器具、安全工具临时摆放区域或专用区域是否定制管理并采取防火等措施	

序号	考评内容	打分标准	评价方法	得分
3	试验仪器、生产工器具、安全工器具、个人保安及防护用品种是否按规定进行预防性试验	试验仪器、生产工器具、安全工器具、个人保安及防护用品种无预防性试验报告或不齐全的每项扣1分	对照试验仪器、生产工器具、安全工器具个人保安及防护用品种台账，检查预防性试验报告、检查记录是否齐全	
三、班组（项目部）安全培训方面（15分）				
1	安全教育培训覆盖率是否达到100%，未按期参加培训的人员是否补学并做好记录	专业室（中心）及项目部人员安全教育培训覆盖率未达到100%，每少1人扣2分（未按期参加培训的人员进行了补学不扣分）	查阅专业室（中心）及项目部安全教育培训计划、个人培训记录或培训档案	
2	劳务派遣人员是否视同班组人员参加安全责任清单、两票管理规定等安全制度要求的培训	未参加培训或者考试不合格者扣2分	参照《国家电网有限公司安全教育培训工作规定》，查阅班组（项目部）安全教育培训计划和个人培训记录	
3	全员参加安全基础管理验收考试	1. 应考未考，扣2分/人； 2. 考试不合格，扣2分/人	查看考试人员名册及考试成绩	
4	是否建立个人安全教育培训档案，档案内容是否与实际相符	人员未建立个人安全教育培训档案，未建立扣2分；档案不全扣1分	查阅安全教育培训计划、个人安全教育培训档案	
5	参与作业的外包人员、临时参加工作的厂家配合人员队伍安全准入是否开展，考试成绩是否合格，技能准入是否全员开展	1. 参与作业的外包人员没有进行安全准入，扣2分/人。 2. 厂家配合人员等临时进场作业人员，没有采取动态培训和考试方式实施准入，未培训和考试扣2分/人	检查人员安全准入情况	

序号	考评内容	打分标准	评价方法	得分
四、专业室（中心）及项目部安全例行工作方面（15分）				
1	是否每周进行一次安全日活动，活动内容是否联系实际并做好活动记录	未按要求每周进行安全日活动，缺少1次扣1分。未学习"4·9""4·16""4·22""9·1"等安全事故事件扣2分	参照《国家电网有限公司安全工作规定》，抽查10月-12月份是否每周开展一次安全日活动，活动是否有签到表、活动记录等	
2	是否开展反违章工作，是否建立违章记分档案。个人违章是否按规定进行警示教育并给予"黄牌"警告	未开展反违章工作，扣5分；违章记分档案内容与实际不符，每项扣1分。个人违章记分达到12分，未进行警示教育培训并给予"黄牌"警告，每发现1人扣1分	查阅违章自查自纠记录、违章记分档案、警示教育培训记录、个人"黄牌"警告记录等	
3	是否开展安全隐患排查治理，安全隐患是否落实整改措施、责任人和整改时限，隐患档案是否进行公示	未开展安全隐患排查治理，扣5分；安全隐患未录入隐患管理系统，每条扣0.5分；隐患未明确整改措施、责任人和整改时限，每条扣0.5分；安全隐患未常态化公示，扣1分	查阅安全隐患清单，安全隐患公示记录等	
4	是否定期开展工作票统计、分析、评价等工作	未按月统计并装订工作票、作业票，扣1分；未对工作票、作业票盖"已执行""作废"印章，每张票扣0.5分	查阅工作票月度装订资料等	
五、专业室（中心）及项目部落实专业安全方面（35分）				
1	是否落实标准化作业要求	无标准化作业指导书模板资料、作业现场未使用标准化作业指导书，扣5分	查阅标准化作业指导书模板、作业现场标准化作业指导书等现场资料	

续表

序号	考评内容	打分标准	评价方法	得分
2	是否严格作业计划管控	作业计划未录入安全风险管控平台或基建E安全系统，每条计划扣1分；临时计划或计划内容有调整未履行报批手续，每条扣1分	查阅作业计划安委会审定记录、会议纪要；风险管控系统作业计划、工作票或作业票内容等	
3	是否按要求召开班前会、班后会	作业前未组织召开班前会，每次扣1分；作业结束后未组织召开班后会，每次扣1分	查阅班前会、班后会记录	
4	作业前是否组织学习安全隐患排查条款	未开展作业前的风险辨识及管控措施制定工作扣5分	查阅班前会、班后会记录	
5	是否建立岗位安全责任清单，岗位清单内容是否覆盖全员并与岗位实际相符	岗位安全责任清单未覆盖全部岗位，每少一个岗位扣2分。岗位责任清单内容与岗位实际不相符，每项内容扣1分	对照《国网安监部关于印发安全责任清单典型模板的通知》（安监三〔2020〕27号），检查岗位安全责任清单内容是否遗漏，清单内容中是否包含了与岗位实际不相符的内容	
6	是否建立本级机构安全责任清单，机构清单内容是否全面并与实际业务相符	安全责任清单内容覆盖不全面、内容有遗漏，清单内容与班组（项目部）业务实际不相符每项扣1分	对照《国网安监部关于印发安全责任清单典型模板的通知》（安监三〔2020〕27号），检查安全责任清单内容是否遗漏，查阅安全责任清单中是否包含了与业务实际不相符的内容	
7	员工是否清楚本岗位安全责任	不清楚本岗位安全责任清单内容，每人扣1分	提问专业室（中心）及项目部人员是否清楚本岗位安全职责	

续表

序号	考评内容	打分标准	评价方法	得分
8	是否制定符合实际的安全生产目标	专业室（中心）及项目部未与上级机构签订安全目标责任书，扣2分。安全目标与上级安全目标内容一致未细化分解，扣1分。责任书内容与业务实际存在不相符的情况，每项扣1分	参照《国家电网有限公司安全工作规定》、地市单位、部门（中心）安全目标责任书，结合业务实际检查是否制定了安全目标，目标责任书内容是否与业务实际相符，目标是否存在上、下一般粗的情况	
9	试验仪器、生产工器具、安全工器具是否按规定定期检查、维护	试验仪器、生产工器具、安全工器具无专人管理、未建立台账、未按月进行检查维护每项扣2分，账、卡、物不符、不合格工器具与合格工器具混放或不合格工器具未做禁止使用标识每项扣2分	检查试验仪器、生产工器具、安全工器具台账与实物是否相符，检查维护记录是否齐全，不合格工器具是否与合格工器具混放	
10	安全工器具领用归还是否履行交接登记手续并检查	安全工器具无领用归还记录，领用归还时未履行交接和登记手续每项扣1分	检查安全工器具领用归还记录，是否存在领用、归还未登记等情况	

四、班组考评工作流程

安全生产班组考评验收工作分自评、评价认定和抽查验证三个阶段。自评由各单位组织专家按照考评内容自行开展；评价认定由省级单位专业部门组织，负责确认本专业班组考评结果；现场抽查验证由省级单位统一组织，对考评结果进行抽检。

1. 自评阶段

各单位对照各专业班组考评标准，组织对本单位安全生产班组进行评价，形成自评报告和问题清单，经本单位安委会审议后，报省级单位安监部、人资部备案（省管产业单位报受托单位统一上报）。

2. 评价认定阶段

省级单位专业部门开展本专业安全生产班组评价认定，确认本专业通过考评的安全生产班组名单，编制班组评价认定情况报告，报省级单位安监部门、人资部门备案。

3. 现场抽查验证

省级单位安监部门、人资部门组织成立专家组，采用随机抽查的方式，现场验证通过考评安全生产班组的实际得分，发现考评结果与现场验证存在偏差的，及时通报督促专业部门重新认定，符合"一票否决"条件（详见第四章考评达标条件）的班组考评不通过。

第二节　班组考评形式、标准及结果应用

一、班组考评形式

评价认定、现场抽查原则上采用现场验收的方式开展，若有特殊情况，也可以采用远程网络视频、查阅电子版材料方式开展远程考评验收。

二、班组考评达标条件

评分组成：安全生产班组考评验收实行百分制，考评分为

班组人员配置（20分）、器具配备（15分）、班组安全培训（15分）、班组安全例行工作（15分）和班组落实专业安全情况（35分）五个方面的内容，满分100分。

考评标准：考评结果80分（含）以上合格，80～90分为良好，90分（含）以上为优秀。

一票否决：安全生产班组人员考评通过率低于80%，或者建设工程项目部无成立文件、关键人员配置不全、未通过安全准入、不具备上岗资格的，或者营销班组现场作业线上化率低于95%的"一票否决"，班组考评验收不合格。

三、典型问题

班组考评过程中，常见的问题有以下几类。

1. **班组人员器具配置不齐**

安全生产基础保障工作不扎实，优化补充班组人员措施力度不足。班组长、安全员、技术员等未配齐，班组人员到岗率低，班组关键人员配置不到位，承载力不足，承载力分析结果与实际情况存在偏差。班组配置的安全工器具数量不足或配置类型不全，应配备的仪器仪表未配置，安全工器具及仪器仪表不符合配置标准要求，日常补充更新不及时。

2. **班组安全例行工作执行不严**

班组自主安全管理意识和能力不足，班组仪器仪表无检验日期，安全工器具破损的和超期未检验，仪器仪表和工器具出入库记录不全，账卡物不一致。班组"两票"定期汇总分析记录不全、安全责任清单内容不熟悉，班组安全目标设置不合理，上级督查发现问题未闭环整改。

3. 专业安全管理环节有堵点

班组安全管理穿透力不强、执行力不足，对新入职、转岗人员未制定学习计划，劳务派遣人员缺少安全培训或培训记录不全。班组人员对严重违章释义有关条款不熟悉，个人反违章记分管理不严格。隐患排查标准不规范，部分隐患未录入信息系统闭环管控，风险定级、风险点预控措施资料不完整，应急预案缺失或内容针对性不强，缺陷、备品备件台账信息不完善。

四、班组验收结果应用

安全生产班组通过考评验收并且评价结果达到优秀的，优先推荐各类安全生产先进班组评选，所在班组长优先推荐参加各类先进评选。

安全生产班组未通过省级单位考评验收的，取消班组年度评先选优资格，不合格班组比例超过 10%的，对责任单位下发整改通知。未通过验收的班组由责任单位组织制定专项整改方案，重新开展自评价工作，合格后向省级单位专业部门申请验收。省级单位再次复验仍未通过的，由省级单位专业部门组织专家驻班开展帮扶，直至验收通过。涉及工程项目作业层班组或外包人员班组直接清退或重新组建。

第三章 安全生产班组人员安全技能考评

第一节 班组人员考评工作组织

与开展班组安全水平考评类似，开展班组人员安全能力考评工作，要明确考评的范围、工作职责和考评标准，按流程开展考评。

一、班组人员考评的范围

省级单位调控中心调控处，各供电公司、超高压公司、电科院、信通公司、建设分公司、送变电公司、综能公司、营销服务中心、培训中心、电动汽车地市级单位及省管产业单位安全生产班组人员，包括员工（员工特指编制人员，不包括后面的人员）、供电服务工、劳务派遣人员、产业直签工、业务外包人员。

主要分为设备、配网、营销、数字化、建设、后勤、调控、产业八大类 37 个专业。

二、班组人员考评职责分工

安监部门：负责组织各专业部门编制安全生产班组人员考评分项方案，制定省级单位总体考评方案，协同人资部门开展考评过程监督，汇总编制考试整体情况通报。

人资部门：负责协调省级单位培训资源，协同各专业部门统筹组织安全生产班组人员考评计划安排，会同安监部门开展考评过程监督，组织核对参加考评班组、人员数量，确保安全生产班组全员参加考评。

　　设备、配网、营销、数字化、建设、后勤、调控中心等专业部门、产业管理公司：负责制定本专业安全生产班组人员考评方案，组织开展本专业考评工作，编制考评题库试卷，组织本专业考评人员报名，开展考评过程的监考，试卷阅卷工作，编制本专业考评总结。负责本专业考评过程和结果的答疑。

　　培训中心：负责考评场次具体安排，配合专业部门做好试卷排版组卷、考试监考及阅卷工作。

　　信通公司：负责做好视频技术支撑工作。负责按照专业考评方案，组织具体实施本单位安全生产班组人员考评工作。

　　其他地市级单位：负责本单位安全生产班组人员考评的具体实施工作，组织考评报名，做好考场准备，对参加考评人员身份核验等工作。

三、班组人员考评阶段

　　班组人员考评实行满分制，包括理论考试、个人考（测）评、模拟实操三个阶段，考评阶段不分先后，但同类同一专业考评人员的考试形式应一致。其中，理论考试占比 40%～80%，个人考（测）评占比 10%～20%，模拟实操占比不超过 50%。

　　劳务派遣人员应视为自有人员，考评形式与自有人员一致。考评均采用闭卷形式开展。

1. 理论考试

　　采用国网大学、e 安全、风险管控监督平台、国网大学系统台式机等线上考试，也可以采用笔答的形式开展考试。考试时间 100 分钟。

　　设备、配网、营销、数字化、建设、调控、产业类考试内容重点为国家电网有限公司电力安全工作规程、调度运行规程、国家电网有限公司安全生产"十不干"、国家电网有限公司严重违章释义、公司现场安全管控强制性措施等。其中，国家电网有限公司电力安全工作规程（调度运行规程）、"十不干"试题比例不低于 85%，现场安全管控强制性措施占比 5%，国家电网有限公司严重违章释义占比 5%，专业安全管理要求占比 5%。后勤类无专业安全工作规程，考试内容重点为小型基建相关专业安全知识要点。

理论题库试题数量建议控制在 300 题左右，并提前下发基层对口专业班组学习掌握。

2. 个人考（测）评

测评不设考题，采用测评表打分。个人测评从班组人员专业能力、违章记分、责任清单、安全贡献等维度进行测评打分。

3. 模拟实操

实操题型为主观题，数量为 1～2 道，考试时间不超过 100 分钟，根据各单位场地条件采用现场模拟操作或技能笔答形式开展。同一专业的班组人员，模拟实操形式一致。

考评内容主要为现场勘查，两票填写，安全风险评估识别、现场安全措施标准化布防，安全工器具使用，以及网络安全威胁阻断、配电倒闸作业等安全技能相关的模拟操作。

四、班组人员考评的标准

考评包括理论考试、个人考（测）评、模拟实操三类，实行百分制，考评综合成绩及每类成绩满分均为 100 分。考生三类成绩按照比例计算得出考评综合成绩。其中，设备、营销、数字化、建设、调控、产业类理论考试占比 40%，个人考（测）评占比 10%，模拟实操占比 50%。后勤类理论考试占比 80%，个人考（测）评占比 20%。

考评综合成绩未达到 85 分不合格，85（含）至 89 分合格，90 至 94 分良好，95 分以上优秀。班组人员考评成绩优秀比例纳入班组考评验收标准。

五、班组人员考评的流程

1. 班组人员考评报名

省级单位各部门组织专业范围内的安全生产班组人员进行报名和考评。各单位组织准确核对收集参加考试人员名单，对暂无法参加考试人员清楚备注，确保信息准确无误。劳务派遣、业务外包人员按照"谁使用，谁考试"的原则进行考评。各地市供电公司输变电工程监理、施工单位为产业单位的，监理、施工项目部关键人员及作业层班组人员由产业管理公司组织考评。

2. 班组人员分项考评

参加考评的班组人员根据具体安排分别参加理论考试和模拟实操，个人考（测）评由评委直接打分，班组人员不用现场参与。

（1）理论考试。

省级单位各专业部门要提前确定现场监考人员名单，建立本部门人员和相关单位人员组成的监考组，考评试卷密封装订，每场理论考试至少安排 2 名监考人员进行考试全过程监督。

地市级单位安监部门、人资部门各确定一名考试联系人，提前确定考试地点，配合培训中心开展考场安排准备工作。

（2）个人考（测）评。

个人考（测）评由班组所在单位相关部门、工区四级以上正、副职等对班组成员进行测评打分。考评内容详见表3-1。

表3-1　　安全生产班组人员个人考（测）评表

被测人姓名	身份证号	所在班组	专业能力	违章记分	责任清单	安全贡献	安全事件	得分	备注

测评单位（盖章）：×××公司××部门/中心/建设项目

测评人（签字）：×××，×××

1）计算得分：专业能力×40%＋违章记分×40%＋责任清单×20%＋安全贡献－安全事件；满分100分，超过100分的按照100分计算。

2）计算标准：

a. 专业能力。岗位工作五年及以上，或者高级技师或高级职称的得满分。

岗位工作不足五年，每少6个月减5分；或者取得中级工的得70分，取得高级工或助理工程师的得80分，取得技师或中级职称的得90分。两个条件不累加取得分最高的。

b. 违章记分。违章记分得分＝100－（违章记分扣减分/岗位评定系数）

变电运维、输配运维、变电检修、二次检修、建设施工、配网工程类班组评定系数 1.3，其他专业均为 1。违章记分以个人违章档案记分值为准。

c. 责任清单。

责任清单评价得分＝100－责任清单扣减分

安全责任清单所列安全职责执行不到位的，扣减 1 分/条；未执行所列安全职责扣减 2 分/条。

d. 安全贡献。安全工作突出，获得地市单位安全奖励或书面表扬的 0.5 分/次，省公司级的 1 分/次，西北分部级的 2 分/次，自治区、国网公司级 3 分/次，国家级 4 分/次。

安全类科技创新、安全类专利、安全生产方面论文获得奖励的，省公司级 2 分/次，西北分部级的 3 分/次，自治区、国网公司级 4 分/次，国家级 5 分/次。

同一事项按照最高标准计算得分，个人安全贡献加分不超过 10 分。

e. 安全事件。发生安全责任事件的，依据安全事故调查报告，事件主要责任人，八级扣减 1 分/次，七级扣减 2 分/次，六级扣减 20 分/次，五级扣减 40 分/次，发生安全事故的扣减 60 分。

（3）模拟实操。

采用笔答形式开展模拟实操的，监考形式同理论考试一致。采用现场操作形式开展模拟实操的，省级单位各部门监考组进行现场巡考。

3. 公布应用班组人员考评成绩

省级单位各部门组织专家团队，在考试结束后 5 个工作日完成考试阅卷，并向考生公布公示考试成绩。对考试不合格的人员组织进行补考，补考不合格的离岗培训，直至考试合格方可上岗。

第二节　各类班组人员考评重点

班组人员考评的重点、阶段和流程整体大同小异，但因专业管理的不同，在考试对象、理论和模拟实操考试内容等方面还存在一些明显差异。下面分别进行介绍。

一、设备类专业

1. 考评对象

各供电公司、超高压公司、电科院、送变电公司的安全生产班组。其中，输电专业包括供电公司、超高压公司、送变电公司所辖输电运行班组，输电运检班组、输电检修班组带电作业班组，集中监控班组，电缆运检班，无人机班，运维班站。变电（直流）专业包括供电公司、超高压公司、电科院所辖变电运维班组，集控站监控班组，直流运维班组、直流检修班组、变电检修班组、电气试验班组人员，包括员工、供电服务工、劳务派遣工及外包人员。

2. 考评专业

输电专业：输电运行、输电检修、带电作业等 3 类专业班组。

变电（直流）专业：变电运维、集控站监控、直流运维、直流检修、变电检修、电气试验等 6 类专业班组。

3. 考评重点

（1）理论考试：题型分为单选题、判断题两类，数量为 100 道，满分为 100 分，其中单选题 60 道，判断题 40 道，考试时间为 100 分钟。

考试内容重点为国家电网有限公司电力安全工作规程、国家电网有限公司安全生产"十不干"、国家电网有限公司严重违章释义、现场安全管控强制性措施等。其中，各类内容比例为国家电网有限公司电力安全工作规程、"十不干"试题比例不低于 85%，现场安全管控强制性措施占比 5%，国家电网有限公司严重违章释义占比 5%，设备专业安全管理要求占比 5%。

（2）个人测评：采用测评表打分，满分 100 分。

采用评分表打分形式，满分 100 分，由班组所在单位四级以上正、副职管理人员负责打分。根据班组人员专业能力、违章记分、责任清单、安全贡献等维度进行测评。

（3）模拟实操。输电专业：采用笔答形式，题型为技能笔答，抽考 2 道。模拟实操考试时间 60 分钟，满分 100 分。

输电运行、输电检修、带电作业等专业：主要考评输电线路运维、检修和带电作业等工作的关键工序安全风险管控，安全作业标准化流程，安全措施布防，工作票办理，作业风险点辨识，应急处置流程等内容。

变电（直流）专业：采用笔答形式，题型为技能笔答，抽考 2 道，考试时间 60 分钟，满分 100 分。

变电运维、变电监控、变电检修、直流运维、直流检修、电气试验等专业：主要考评防误闭锁规范操作，倒闸操作标准化作业，作业现场风险点辨识，工作票、操作票办理及使用，安全措施布防，关键工序安全风险管控，应急处置流程等内容。

设备类安全生产班组人员考评细则见表 3-2。

表 3-2　　　设备类安全生产班组人员考评细则

序号	专业名称	考试内容			涉及单位及班组名称
		理论考试	个人测评	模拟实操	
1	变电运维	考试地点：各地市供电公司、超高压公司运维中心、值守班站	考试地点：各地市供电公司、超高压公司运维中心、值守班站	考试地点：各地市供电公司、超高压公司、运维中心、值守班站	各地市供电公司、超高压公司变电运维班组
		考试时长：100分钟	考测时长：—	模拟时长：60分钟	
		题型：单选、判断	题型：测评表	题型：技能笔答	
		内容：国家电网有限公司电力安全工作规程、国家电网有限公司安全生产"十不干"、国家电网有限公司严重违章释义、现场安全管控强制性措施等	内容：个人安全能力评价	内容：防误闭锁规范操作，倒闸操作标准化作业，工作票、操作票办理及使用，安全措施布防，作业现场风险点辨识，关键工序安全风险管控，应急处置流程等内容	
		考题数量：100道	考题数量：—	考题数量：2道	
2	变电监控	考试地点：各地市供电公司、超高压公司集控站	考试地点：各地市供电公司、超高压公司集控站	考试地点：各地市供电公司、超高压公司集控站	各地市供电公司、超高压公司变电监控班组
		考试时长：100分钟	考测时长：—	模拟时长：60分钟	

序号	专业名称	考试内容			涉及单位及班组名称
		理论考试	个人测评	模拟实操	
2	变电监控	题型：单选、判断	题型：测评表	题型：技能笔答	各地市供电公司、超高压公司变电监控班组
		内容：国家电网有限公司电力安全工作规程、国家电网有限公司安全生产"十不干"、国家电网有限公司严重违章释义、现场安全管控强制性措施等	内容：个人安全能力评价	内容：防误闭锁规范操作，倒闸操作标准化作业，工作票、操作票办理及使用，安全措施布防，作业现场风险点辨识，关键工序安全风险管控，应急处置流程等内容	
		考题数量：100道	考题数量：—	考题数量：2道	
3	变电检修	考试地点：各地市供电公司、超高压公司检修中心	考试地点：各地市供电公司、超高压公司集控站	考试地点：各地市供电公司、超高压公司集控站	各地市供电公司、超高压公司变电检修班组
		考试时长：100分钟	考测时长：—	模拟时长：60分钟	
		题型：单选、判断	题型：测评表	题型：技能笔答	
		内容：国家电网有限公司电力安全工作规程、国家电网有限公司安全生产"十不干"、国家电网有限公司严重违章释义、现场安全管控强制性措施等	内容：个人安全能力评价	内容：防误闭锁规范操作，倒闸操作标准化作业，工作票、操作票办理及使用，安全措施布防，作业现场风险点辨识，关键工序安全风险管控，应急处置流程等内容	
		考题数量：100道	考题数量：—	考题数量：2道	

续表

序号	专业名称	考试内容			涉及单位及班组名称
		理论考试	个人测评	模拟实操	
4	变电试验	考试地点：各地市供电公司、超高压公司检修中心	考试地点：各地市供电公司、超高压公司集控站	考试地点：各地市供电公司、超高压公司集控站	各地市供电公司、超高压公司变电试验、检测班组
		考试时长：100分钟	考测时长：—	模拟时长：60分钟	
		题型：单选、判断	题型：测评表	题型：技能笔答	
		内容：国家电网有限公司电力安全工作规程、国家电网有限公司安全生产"十不干"、国家电网有限公司严重违章释义、现场安全管控强制性措施等	内容：个人安全能力评价	内容：防误闭锁规范操作，倒闸操作标准化作业，工作票、操作票办理及使用，安全措施布防，作业现场风险点辨识，关键工序安全风险管控，应急处置流程等内容	
		考题数量：100道	考题数量：—	考题数量：2道	
5	直流检修	考试地点：换流站办公室	考测地点：换流站综合楼	模拟地点：换流站综合楼	超高压公司各换流站直流检修班、换流站直流检修班
		考试时长：100分钟	考测时长：—	模拟时长：60分钟	
		题型：单选、判断	题型：测评表	题型：实操笔答	

103

序号	专业名称	考试内容			涉及单位及班组名称
		理论考试	个人测评	模拟实操	
5	直流检修	内容：国家电网有限公司电力安全工作规程、国家电网有限公司安全生产"十不干"、国家电网有限公司严重违章释义、现场安全管控强制性措施等	内容：个人安全能力评价	内容：防误闭锁规范操作，倒闸操作标准化作业，工作票、操作票办理及使用，安全措施布防，作业现场风险点辨识，关键工序安全风险管控，应急处置流程等内容	超高压公司各换流站直流检修班、换流站直流检修班
		考题数量：100道	考题数量：—	考题数量：2道	
6	直流运维	考试地点：换流站办公室	考测地点：换流站综合楼	模拟地点：换流站综合楼	超高压公司各换流站直流运维班、换流站直流运维班
		考试时长：100分钟	考测时长：—	模拟时长：60分钟	
		题型：单选、判断	题型：测评表	题型：实操笔答	
		内容：国家电网有限公司电力安全工作规程、国家电网有限公司安全生产"十不干"、国家电网有限公司严重违章释义、现场安全管控强制性措施等	内容：个人安全能力评价	内容：防误闭锁规范操作，倒闸操作标准化作业，工作票、操作票办理及使用，安全措施布防，作业现场风险点辨识，关键工序安全风险管控，应急处置流程等内容	
		考题数量：100道	考题数量：—	考题数量：2道	

二、配电类专业

1. 考评对象

供电公司所辖县（区）公司、供电服务指挥中心的配电运检班、配网不停电班、配电二次班、运营管控班、服务指挥班、供电所的员工、供电服务工、劳务派遣工及外包人员。

2. 考评专业

配电专业：配电运检、配网不停电、配电二次、运营管控、服务指挥等 5 类专业班组。

3. 考评重点

（1）理论考试。题型分为单选题、判断题两类，数量为 100 道，满分为 100 分，其中单选题 60 道，判断题 40 道，考试时间为 100 分钟。

考试内容重点为国家电网有限公司电力安全工作规程、国家电网有限公司安全生产"十不干"、国家电网有限公司严重违章释义、现场安全管控强制性措施等。其中，各类内容比例为国家电网有限公司电力安全工作规程、"十不干"试题比例不低于 85%，现场安全管控强制性措施占比 5%，国家电网有限公司严重违章释义占比 5%，设备专业安全管理要求占比 5%。

（2）个人测评。采用测评表打分，满分 100 分。

采用评分表打分形式，满分 100 分，由班组所在单位四级以上正、副职管理人员负责打分。根据班组人员专业能力、违章记分、责任清单、安全贡献等维度进行测评。

（3）模拟实操。配电运检专业：以模拟实操形式开展。实操考评柱上变压器运行转检修、检修转运行的操作票办理及实际操作＋配电变压器接地电阻测量工作票办理，主要考评检修作业现场风险点辨识，工作票、操作票办理及使用，安全作业流程管控，安全措施布防，个人安全防护，关键工序安全风险管控等内容。2人一组开展考评。

配网不停电专业：以模拟实操形式开展。实操考评绝缘手套法接带电接跌落熔断器三相引流线＋工作票办理。主要考评带电作业现场风险点辨识，带电工作票办理及使用，安全措施布防，个人安全防护，安全作业流程管控，关键工序安全风险管控等内容，4人一组开展考评。

配电二次、运营管控、服务指挥：采用技能笔答形式，抽取2道试题进行考评。配电二次专业班组人员主要考评电力监控作业风险辨识，工作票的办理及使用，个人安全防护等内容。运营管控、服务指挥专业班组人员主要考评抢修作业现场风险辨识，抢修作业流程安全管控，运营管控相关安全知识等内容。

配电专业安全生产班组人员考评细则见表3-4。

表 3-4　　　配电专业安全生产班组人员考评细则

序号	专业名称	考试内容			涉及单位及班组名称
		理论考试	个人测评	模拟实操	
1	配网运检专业	考试地点：各地市公司	考试地点：各县（区）公司	考试地点：各县（区）公司实训场地	各县（区）公司配网生产班组、供电所生产班组
		考试时长：100分钟	考测时长：—	模拟时长：90分钟	

续表

序号	专业名称	考试内容			涉及单位及班组名称
		理论考试	个人测评	模拟实操	
1	配网运检专业	题型：单选＋判断	题型：测评表	题型：模拟实操	各县（区）公司配网生产班组、供电所生产班组
		内容：国家电网有限公司电力安全工作规程、国家电网有限公司安全生产"十不干"、国家电网有限公司严重违章释义、现场安全管控强制性措施等	内容：个人安全能力评价	内容：变台停送电操作检修＋两票办理，涉及检修作业现场风险点辨识，工作票、操作票办理及使用，安全措施布防，个人安全防护，安全作业流程管控，关键工序安全风险管控等内容	
		考题数量：100道	考题数量：—	考题数量：1道	
2	配网不停电专业	考试地点：各地市公司	考试地点：各县（区）公司	考试地点：各县（区）公司实训场地	各县公司从事配网不停电的专业班组
		考试时长：100分钟	考测时长：—	模拟时长：90分钟	
		题型：单选＋判断	题型：测评表	题型：实操	
		内容：国家电网有限公司电力安全工作规程、国家电网有限公司安全生产"十不干"、国家电网有限公司严重违章释义、现场安全管控强制性措施等	内容：个人安全能力评价	内容：绝缘手套法带电接三项引流＋工作票办理，涉及带电作业现场风险点辨识，带电工作票办理及使用，安全措施布防，个人安全防护，安全作业流程管控，关键工序安全风险管控等内容	
		考题数量：100道	考题数量：—	考题数量：1道	

续表

序号	专业名称	考试内容			涉及单位及班组名称
		理论考试	个人测评	模拟实操	
3	配电二次专业	考试地点：各地市公司	考试地点：各地市公司供电服务指挥中心	考试地点：各地市公司供电服务指挥中心	各地市公司供电服务指挥中心配电二次班
		考试时长：100分钟	考测时长：—	模拟时长：60分钟	
		题型：单选＋判断	题型：测评表	题型：技能笔答	
		内容：国家电网有限公司电力安全工作规程、国家电网有限公司安全生产"十不干"、国家电网有限公司严重违章释义、现场安全管控强制性措施等	内容：个人安全能力评价	内容：电力监控作业现场风险辨识，工作票的办理及使用，个人安全防护等内容	
		考题数量：100道	考题数量：—	考题数量：2道	
4	运营管控专业	考试地点：各地市公司	考试地点：各地市公司供电服务指挥中心	考试地点：各地市公司供电服务指挥中心	各地市公司供电服务指挥中心运营管控班
		考试时长：100分钟	考测时长：—	模拟时长：60分钟	
		题型：单选＋判断	题型：测评表	题型：技能笔答	
		内容：国家电网有限公司电力安全工作规程、国家电网有限公司安全生产"十不干"、国家电网有限公司严重违章释义、现场安全管控强制性措施等	内容：个人安全能力评价	内容：抢修作业现场风险辨识，抢修作业流程安全管控，运营管控相关安全知识等内容	

序号	专业名称	考试内容			涉及单位及班组名称
		理论考试	个人测评	模拟实操	
4	运营管控专业	考题数量：100道	考题数量：—	考题数量：2道	各地市公司供电服务指挥中心运营管控班
5	服务指挥专业	考试地点：各地市公司	考试地点：各地市公司供电服务指挥中心	考试地点：各地市公司供电服务指挥中心	各地市公司供电服务指挥中心服务指挥班
		考试时长：100分钟	考测时长：—	模拟时长：60分钟	
		题型：单选＋判断	题型：现场考评	题型：技能笔答	
		内容：国家电网有限公司电力安全工作规程、国家电网有限公司安全生产"十不干"、国家电网有限公司严重违章释义、现场安全管控强制性措施等	内容：个人安全能力评价	内容：抢修作业现场风险辨识，抢修作业流程安全管控等内容，运营管控相关安全知识等内容	
		考题数量：100道	考题数量：—	考题数量：2道	

三、营销类专业

1. 考评对象

营销服务中心计量检定部现场室。电动汽车公司、综能公司现场建设及运维班组。供电公司（计量中心、客户中心）：两中心安全生产班组（装表接电班、检验检测班、用电检查等）。县公司、供电所生产班组（供电服务班、外勤班等）人员，包括员工、供电服务工、劳务派遣工及外包人员。

2. 考评专业

装表接电（用电检查）、计量检验检测、综合能源、电动汽车4类专业。

3. 考评重点

（1）理论考试。题型分为单选题、判断题两类，数量为100道，满分为100分，其中单选题60道，判断题40道，考试时间为100分钟。

理论考试重点包含国家电网有限公司营销现场作业安全工作规程、十不干（不低于85%）、现场安全管控强制性措施（5%）、国家电网有限公司严重违章释义（5%），营销农电专业安全管理要求占比5%。

（2）个人测评。采用测评表打分，满分100分。

采用评分表打分形式，满分100分。由班组所在单位部门四级及以上正、副职负责打分，主要测评个人专业能力、违章记分、责任清单、安全贡献等情况。

（3）模拟实操。模拟实操考试采用技能笔答形式，考试内容如下："两票"填写、移动作业终端营配APP模拟操作作业安全管控、安全工器具使用、个人安全防护措施落实和现场标准化安全布防等。

营销类安全生产班组人员考评细则见表3-5。

表 3-5 　　　　营销类安全生产班组人员考评细则

序号	专业名称	考试内容			涉及单位及班组名称
		理论考试	个人考（测）评	模拟实操	
1	检验检测	考试地点：集中点考试	考试地点：各县（区）公司	模拟地点：集中点考试	省营销服务中心计量检定部现场检验室、地市公司计量中心计量采集、检验检测等相关班组
		考试时长：100分钟	考测时长：—	模拟时长：40分钟	
		题型：选择题、判断题	题型：现场考评	题型：实操笔答	
		内容：计量专业题库。国家电网有限公司营销现场作业安全工作规程、国家电网有限公司安全生产"十不干"、国家电网有限公司严重违章释义，其中安规内容考试占比不低于85%	内容：个人安全能力评价	内容："两票"填写、移动作业终端营配APP模拟操作作业安全管控、安全工器具使用、"一梯两穿三戴"执行、安全措施布防	
		考题数量：100	考题数量：—	考题数量：1	
2	装表接电（用电检查）	考试地点：集中点考试	考测地点：本级单位	模拟地点：集中点考试	地市公司客户中心相关班组、县区公司用电检查班、计量班、装表接电班、供电所外勤班
		考试时长：100分钟	考测时长：—	模拟时长：40分钟	
		题型：选择题、判断题	题型：现场考评	题型：实操笔答	

续表

序号	专业名称	考试内容			涉及单位及班组名称
		理论考试	个人考(测)评	模拟实操	
2	装表接电(用电检查)	内容：营销专业题库。国家电网有限公司营销现场作业安全工作规程、国家电网有限公司安全生产"十不干"、国家电网有限公司严重违章释义，其中安规内容考试占比不低于85%	内容：个人安全能力评价	内容："两票"填写、移动作业终端营配APP模拟操作作业安全管控、安全工器具使用、"一梯两穿三戴"执行、安全措施布防	地市公司客户中心相关班组、县区公司用电检查班、计量班、装表接电班、供电所外勤班
		考题数量：100	考题数量：—	考题数量：1	
3	综能专业	考试地点：集中点考试	考测地点：本级单位	模拟地点：集中点考试	综能公司部室安全管理人员和施工、运维类生产班组
		考试时长：100分钟	考测时长：—	模拟时长：40分钟	
		题型：选择题、判断题	题型：现场考评	题型：实操笔答	
		内容：综能专业题库。国家电网有限公司营销现场作业安全工作规程、国家电网有限公司安全生产"十不干"、国家电网有限公司严重违章释义，其中安规内容考试占比不低于85%	内容：个人安全能力评价	内容："两票"填写、移动作业终端营配APP模拟操作作业安全管控、安全工器具使用、"一梯两穿三戴"执行、安全措施布防	

续表

序号	专业名称	考试内容			涉及单位及班组名称
		理论考试	个人考（测）评	模拟实操	
3	综能专业	考题数量：100	考题数量：—	考题数量：1	
4	电动汽车专业	考试地点：集中点考试	考测地点：本级单位	模拟地点：集中点考试	电动汽车公司部室安全管理人员和施工、运维类生产班组
		考试时长：100分钟	考测时长：—	模拟时长：40分钟	
		题型：选择题、判断题	题型：现场考评	题型：实操笔答	
		内容：电动汽车专业题库。国家电网有限公司营销现场作业安全工作规程、国家电网有限公司安全生产"十不干"、国家电网有限公司严重违章释义，其中安规内容考试占比不低于85%	内容：个人安全能力评价	内容："两票"填写、移动作业终端营配APP模拟操作作业安全管控、安全工器具使用、"一梯两穿三戴"执行、安全措施布防	
		考题数量：100	考题数量：—	考题数量：1	

四、数字化类专业

1. 考评对象

供电公司信息运检班；超高压公司二次检修中心信息通信班；信通公司信息中心业务系统班、基础平台班、网络安全班、项目建设班、数据运营班、运营监测班员工和劳务派遣人员。

2. 考评专业

数字化专业班组。

3. 考评重点

（1）理论考试：题型分为单选题、判断题两类，数量为 100 道，满分为 100 分，其中单选题 60 道，判断题 40 道，考试时间为 100 分钟。

考试内容重点为国家电网有限公司电力安全工作规程、国家电网有限公司安全生产"十不干"、国家电网有限公司严重违章释义、现场安全管控强制性措施（网络与信息系统现场作业"十不干"），网络安全"三十条"等专业安全管理要求。其中，安规、十不干试题比例不低于 85%，现场安全管控强制性措施占比 5%，国家电网有限公司严重违章释义占比 5%，科数专业安全管理要求占比 5%。

（2）个人测评：采用测评表打分，满分 100 分。

采用评分表打分形式，满分 100 分，由班组所在单位四级以上正、副职管理人员负责打分。根据班组人员专业能力、违章记分、责任清单、安全贡献等维度进行测评。

（3）模拟实操。模拟实操采用上机操作方式，由考评人员根据实操完成情况进行评分。内容主要为网络安全漏洞修复、关键信息设备信息备份、网络与信息安全威胁阻断。

数字化类安全生产班组人员考评细则见表 3-6。

表 3-6　　　数字化类安全生产班组人员考评细则

专业名称	考试内容			涉及单位及班组名称
	理论考试	个人考（测）评	模拟实操	
数字化专业	考试地点：各单位自定会议室	考测地点：各单位自定办公室	模拟地点：各单位自定上机会议室	各地市供电公司信息运检班；超高压公司二次检修中心信

专业名称	考试内容			涉及单位及班组名称
	理论考试	个人考（测）评	模拟实操	
数字化专业	考试时长：100分钟	考测时长：—	模拟时长：60分钟	息通信班；信通公司信息中心业务系统班、基础平台班、网络安全班、项目建设班、数据运营班、运营监测班
	题型：客观题	题型：现场考评	题型：上机实操题	
	内容：国家电网有限公司电力安全工作规程、国家电网有限公司安全生产"十不干"、安全管控强制性措施、国家电网有限公司严重违章释义、网络安全"三十条"等内容	内容：个人安全能力评价	内容：网络安全漏洞修复、关键信息设备信息备份、网络与信息安全威胁阻断	
	考题数量：100	考题数量：—	考题数量：3	

五、建设类专业

1. 考评对象

建设分公司（电力监理公司）输变电工程业主、监理项目部关键人员，各地市供电公司输变电工程业主项目部关键人员，送变电公司施工项目部关键人员以及变电土建、变电电气、线路专业作业层班组员工、劳务派遣人员、业务外包人员。

供电公司输变电工程监理、施工单位为产业单位的，监理、施工项目部关键人员及作业层班组全体人员由产业管理公司进行考评。

2. 考评专业

输变电、变电土建、变电电气、线路 4 类专业。

3. 考评重点

（1）理论考试：题型分为单选题、判断题两类，数量为 100 道，满分为 100 分，其中单选题 60 道，判断题 40 道，考试时间为 100 分钟。

输变电工程业主、监理、施工项目部关键人员及作业层班组全体人员理论考试均在本工程项目部采用集中方式开展考评。理论考试在项目部进行，个人测评在各单位及项目部进行，模拟实操各类考评在项目部及现场进行。

考试内容重点为国家电网有限公司电力安全工作规程、国家电网有限公司安全生产"十不干"、国家电网有限公司严重违章释义、现场安全管控强制性措施等。其中，各类内容比例为安规、十不干试题比例不低于 85%，现场安全管控强制性措施占比 5%，国家电网有限公司严重违章释义占比 5%，建设专业安全管理要求占比 5%。

业主、监理项目部关键人员考试范围为输变电，涵盖土建、电气及线路专业，施工项目部关键人员及班组人员考试范围根据实际岗位，参加变电土建、变电电气、线路其中一个专业考试。

（2）个人测评：采用测评表打分，满分 100 分。

采用评分表打分形式，满分 100 分。由班组所在单位部门四级及以上正、副职负责打分，主要测评个人专业能力、违章记分、责任清单、安全贡献等情况。

（3）模拟实操。技能笔答形式：业主、监理、施工项目部关键人员。

现场模拟操作：作业层班组骨干、技能及一般人员。

实操考试采用技能笔答形式，考试内容如下："两票"填写、移动作业终端营配 APP 模拟操作作业安全管控、安全工器具使用、个人安全防护措施落实和现场标准化安全布防等。

建设类安全生产班组人员考评细则见表 3-7。

表 3-7　　　建设类安全生产班组人员考评细则

序号	专业名称	考试内容			涉及单位及班组名称
		理论考试	个人考（测）评	模拟实操	
1	土建	考试地点：项目部	考测地点：项目部	模拟地点：项目部、现场	建设分公司工程土建班组及施工项目部
		考试时长：100分钟	考测时长：—	模拟时长：60分钟	
		题型：客观题	题型：评分表	题型：实操	
		内容：国家电网有限公司电力安全工作规程、国家电网有限公司安全生产"十不干"、国家电网有限公司严重违章释义、现场安全管控强制性措施等	内容：个人安全能力评价	内容：安全作业流程、安全技能、作业安全管控关键点的掌握，作业过程安全措施落实，现场安全措施布防、安全工器具使用等	
		考题数量：100	考题数量：—	考题数量：1	
2	电气	考试地点：项目部	考测地点：项目部	模拟地点：项目部、现场	建设分公司工程电气班组及施工项目部
		考试时长：100分钟	考测时长：—	模拟时长：60分钟	
		题型：客观题	题型：评分表	题型：实操	

续表

序号	专业名称	考试内容			涉及单位及班组名称
		理论考试	个人考（测）评	模拟实操	
2	电气	内容：国家电网有限公司电力安全工作规程、国家电网有限公司安全生产"十不干"、国家电网有限公司严重违章释义、现场安全管控强制性措施等	内容：个人安全能力评价	内容：安全作业流程、安全技能、作业安全管控关键点的掌握，作业过程安全措施落实，现场安全措施布防、安全工器具使用等	建设分公司工程电气班组及施工项目部
		考题数量：100	考题数量：—	考题数量：1	
3	线路	考试地点：项目部	考测地点：项目部	模拟地点：项目部、现场	建设分公司工程线路班组及施工项目部
		考试时长：100分钟	考测时长：—	模拟时长：60分钟	
		题型：客观题	题型：评分表	题型：实操	
		内容：国家电网有限公司电力安全工作规程、国家电网有限公司安全生产"十不干"、国家电网有限公司严重违章释义、现场安全管控强制性措施等	内容：个人安全能力评价	内容：安全作业流程、安全技能、作业安全管控关键点的掌握，作业过程安全措施落实，现场安全措施布防、安全工器具使用等	
		考题数量：100	考题数量：—	考题数量：1	
4	输变电	考试地点：项目部	考测地点：各单位	模拟地点：项目部、现场	建设分公司工程业主、监理项目部
		考试时长：100分钟	考测时长：—	模拟时长：60分钟	
		题型：客观题	题型：评分表	题型：技能笔答	

序号	专业名称	考试内容			涉及单位及班组名称
		理论考试	个人考（测）评	模拟实操	
4	输变电	内容：国家电网有限公司电力安全工作规程、国家电网有限公司安全生产"十不干"、国家电网有限公司严重违章释义、现场安全管控强制性措施等	内容：个人安全能力评价	内容：建管、监理、施工安全策划、安全文明施工、安全风险、应急及安全检查等工作组织、流程和管控重点	建设分公司工程业主、监理项目部
		考题数量：100	考题数量：—	考题数量：1	

六、后勤类专业

1. 考评对象

地市公司、电科院、培训中心、超高压公司小型基建工程项目管理人员及在建项目业主项目部经理、技术（质量）和安全管理人员。

2. 考评专业

小型基建建设管理。

3. 考评重点

考评实行百分制，满分为 100 分。其中理论考试占比 80%，个人测评占比 20%，无模拟实操考评。

（1）理论考试：理论考试题型为客观题，总数 100 道，其中单选 60 道、判断题 40 道，满分 100 分。考试时间为 100 分钟。考试成绩小于 90 分为不合格，并视为综合考评不合格。

考试内容重点为《国网宁夏电力有限公司后勤工程管理相关文件汇编》《电网小型基建人身安全应知应会应管应查手册》以及土方工程、模块工程、起重吊装、脚手架工程、高处作业等小型基建相关专业知识要点。其中，人身安全应知应会安全要点以及土方工程、模块工程、起重吊装、脚手架工程、高处作业等小型基建相关专业知识要点试题比例不低于85%，后勤工程管理相关规章制度试题占比10%，其他专业安全管理要求占比5%。

（2）个人测评：采用测评表打分，满分100分。

采用评分表打分形式，满分100分，重点测评专业能力、安全责任清单落实、个人安全履责、违章考核、安全管理成效情况。

后勤类安全生产班组人员考评细则见表3-8

表3-8　　　　后勤类安全生产班组人员考评细则

专业名称	考试内容			涉及单位及班组名称
	理论考试	个人考（测）评	模拟实操	
小型基建专业	考试地点：各单位	考测地点：各单位	模拟地点：—	地市公司、电科院、培训中心、超高压公司工程项目管理人员
	考试时长：100分钟	考测时长：—	模拟时长：—	
	题型：单选、判断	题型：评分表	题型：—	
	内容：规章制度以及人身安全应知应会要点	内容：个人安全能力评价	内容：—	
	考题数量：100	考题数量：—	考题数量：—	

七、调度类专业

1. 考评对象

省级单位本部调度控制中心调控处。供电公司地调调度班、自动化班、自动化及网络安全联合值班人员，供电服务指挥中心配网调度班，二次检修中心二次检修班，信通分公司通信运检班。超高压公司二次检修中心二次检修班、信息通信班。信通公司通信中心运维检修班、主站运维班、信息通信调度监控中心调度班，自动化及网络安全联合值班人员。

2. 考评专业

电网调度运行（涉及区调、地调、配调调度运行人员）、调度主站自动化运维（涉及各地调调度主站自动化运维人员）、自动化及网络安全联合值班（涉及各地调自动化与网络安全联合值班人员、信通公司自动化与网络安全联合值班人员）、二次检修运维（涉及各供电公司、超高压公司二次检修班组继电保护、自动化人员）、通信运维检修（涉及信通公司、超高压公司、各供电公司信通分公司通信运维检修人员）、通信调度监控（涉及信通公司通信调度监控员，含参与调度运行值班外委人员）。

3. 考评重点

（1）理论考试：题型分为单选题、判断题两类，数量为 100 道，满分为 100 分，其中单选题 60 道，判断题 40 道，考试时间为 100 分钟。

国家电网有限公司电力安全工作规程、国家电网有限公司安全生产"十不干"试题比例不低于 85%，现场安全管控强制性措施占比 5%，国家电网有限公司严重违章释义占比 5%，专业安全管理要求占比 5%。

电网调度运行：考试内容重点为国家电网有限公司电力安全工作规程、国家电网有限公司安全生产"十不干"、国家电网有限公司严重违章释义、宁夏电网调度运行规程、2022 年宁夏电网稳定运行规程等。

调度主站自动化运维、自动化及网络安全联合值班：考试内容重点为国家电网有限公司电力安全工作规程、国家电网有限公司安全生产"十不干"、现场安全管控强制性措施、国家电网有限公司严重违章释义，十八项反措（自动化部分）、电力监控系统作业"十禁止"、调度自动化专业安全管理三十项措施等专业安全管理要求。

通信运维检修、通信调度监控：考试内容重点为国家电网有限公司电力安全工作规程（电力通信部分）、国家电网有限公司安全生产"十不干"、现场安全管控强制性措施、国家电网有限公司严重违章释义（涉及通信部分），十八项反措（通信部分）、电力通信现场标准化作业规范等专业安全管理要求。

二次检修运维：考试内容重点为国家电网有限公司电力安全工作规程、国家电网有限公司安全生产"十不干"、国家电网有限公司严重违章释义、现场安全管控强制性措施，十八项反措（继电保护、自动化部分）、继电保护和电网安全自动装置现场工作保安规定、电力监控系统作业"十禁止"、现场标准化作业安全布防等专业安全管理要求。

（2）个人测评：采用测评表打分，满分 100 分。

重点对班组人员专业能力、违章记分、责任清单、安全贡献等方面进行测评，按照公司统一测评标准，由个人所在中心或信通分公司主任、分管副主任负责测评（区调调度员由分管调度主任、调控处处长、副处长测评），并对测评结果的公平性、真实性负责。

（3）模拟实操。

电网调度运行考核内容主要包括操作票编制、事故处置等。

调度主站自动化运维考核内容主要包括"两票"填写、安全措施布防、自动化设备作业指导卡填写等。

自动化及网络安全联合值班考核内容主要包括自动化及网络安全缺陷处置流程、厂站安全配置核查操作、场站信息维护等。

通信运维检修考核内容主要包括通信工作票填写、现场作业安全风险分析、通信设备调试及光缆测试等安全作业关键工序。

通信调度监控考核内容主要包括通信典型故障事件等级分析划分、风险预警发布、设备板卡异常等处置。

二次检修运维考核内容主要包括二次作业工作票填写、安全布防、二次安全措施票编制与执行等。

调控类安全生产班组人员考评细则见表 3-9。

表 3-9　　调控类安全生产班组人员考评计划安排表

序号	专业名称	考试内容			涉及单位及班组名称
		理论考试	个人考（测）评	模拟实操	
1	电网调度运行	考试地点：封闭居住点（解封后各单位集中统一场所）	考测地点：评委组办公场所	模拟地点：封闭居住点（解封后各单位集中统一场所）	省级调控中心调控处

序号	专业名称	考试内容			涉及单位及班组名称
		理论考试	个人考（测）评	模拟实操	
1	电网调度运行	考试时长：100分钟	考测时长：—	模拟时长：60分钟	地调调度班及配调调度班
		题型：选择、判断	题型：评分表	题型：主观题	
		内容：国家电网有限公司电力安全工作规程、国家电网有限公司安全生产"十不干"、国家电网有限公司严重违章释义、宁夏电网调度运行规程、2022年宁夏电网稳定运行规程等	内容：个人安全能力评价	内容：典型操作票填写、电网运行事故（异常）处置	
		考题数量：100	考题数量：—	考题数量：1	
2	调度主站自动化运维	考试地点：各单位集中统一场所	考测地点：评委组办公场所	模拟地点：各单位集中统一场所	地市公司地调自动化班
		考试时长：100分钟	考测时长：—	模拟时长：60分钟	
		题型：选择、判断	题型：评分表	题型：主观题	
		内容：国家电网有限公司电力安全工作规程、国家电网有限公司安全生产"十不干"、现场安全管控强制性措施、国家电网有限公司严重违章释义，十八项反措（自动化部	内容：个人安全能力评价	内容："两票"填写、自动化设备作业指导卡填写、安全措施布防等	

续表

序号	专业名称	考试内容			涉及单位及班组名称
		理论考试	个人考（测）评	模拟实操	
2	调度主站自动化运维	分）、电力监控系统作业"十禁止"、调度自动化专业安全管理三十项措施等专业安全管理要求	内容：个人安全能力评价	内容："两票"填写、自动化设备作业指导卡填写、安全措施布防等	地市公司地调自动化班
		考题数量：100	考题数量：—	考题数量：1	
3	自动化及网络安全联合值班	考试地点：各单位集中统一场所	考测地点：评委组办公场所	模拟地点：各单位集中统一场所	信通公司自动化与网络安全联合值班人员，地市公司地调自动化与网络安全联合值班人员
		考试时长：100分钟	考测时长：—	模拟时长：60分钟	
		题型：选择、判断	题型：评分表	题型：主观题	
		内容：国家电网有限公司电力安全工作规程、国家电网有限公司安全生产"十不干"、现场安全管控强制性措施、国家电网有限公司严重违章释义，十八项反措（自动化部分）、电力监控系统作业"十禁止"、调度自动化专业安全管理三十项措施等专业安全管理要求	内容：个人安全能力评价	内容：自动化及网络安全缺陷处置流程、厂站安全配置核查操作、场站信息维护等	
		考题数量：100	考题数量：—	考题数量：1	

序号	专业名称	考试内容			涉及单位及班组名称
		理论考试	个人考（测）评	模拟实操	
4	通信运维检修	考试地点：各单位集中统一场所	考测地点：评委组办公场所	模拟地点：各单位集中统一场所	信通公司通信中心运维检修班、主站运维班，超高压公司信息通信班（通信运维人员），地市公司信通分公司通信运检班
		考试时长：100分钟	考测时长：—	模拟时长：60分钟	
		题型：选择、判断	题型：评分表	题型：主观题	
		内容：国家电网有限公司电力安全工作规程（电力通信部分）、国家电网有限公司安全生产"十不干"、现场安全管控强制性措施、国家电网有限公司严重违章释义（涉及通信部分）、十八项反措（通信部分）、电力通信现场标准化作业规范等专业安全管理要求	内容：个人安全能力评价	内容：通信工作票填写、现场作业安全风险分析、通信设备调试及光缆测试等安全作业关键工序	
		考题数量：100	考题数量：—	考题数量：1	
5	通信调度监控	考试地点：各单位集中统一场所	考测地点：评委组办公场所	模拟地点：各单位集中统一场所	信通公司信息通信调度监控中心调度班（通信调度监控员）
		考试时长：100分钟	考测时长：—	模拟时长：60分钟	
		题型：选择、判断	题型：评分表	题型：主观题	

续表

序号	专业名称	考试内容			涉及单位及班组名称
		理论考试	个人考（测）评	模拟实操	
5	通信调度监控	内容：国家电网有限公司电力安全工作规程（电力通信部分）、国家电网有限公司安全生产"十不干"、现场安全管控强制性措施、国家电网有限公司严重违章释义（涉及通信部分），十八项反措（通信部分）、电力通信现场标准化作业规范等专业安全管理要求	内容：个人安全能力评价	内容：通信典型故障事件等级分析划分、风险预警发布、设备板卡异常等处置	信通公司信息通信调度监控中心调度班（通信调度监控员）
		考题数量：100	考题数量：—	考题数量：1	
6	二次检修运维	考试地点：各单位集中统一场所	考测地点：评委组办公场所	模拟地点：各单位集中统一场所	各供电公司、超高压公司二次检修班组
		考试时长：100分钟	考测时长：—	模拟时长：60分钟	
		题型：选择、判断	题型：评分表	题型：主观题	
		内容：国家电网有限公司电力安全工作规程、国家电网有限公司安全生产"十不干"、国家电网有限公司严重违章释义、现场安全管控强制性措施，十八项反措	内容：个人安全能力评价	内容：二次作业工作票填写、安全布防、二次安全措施票编制与执行等	

续表

序号	专业名称	考试内容			涉及单位及班组名称
		理论考试	个人考（测）评	模拟实操	
6	二次检修运维	（继电保护、自动化部分）、继电保护和电网安全自动装置现场工作保安规定、电力监控系统作业"十禁止"、现场标准化作业安全布防等专业安全管理要求	内容：个人安全能力评价	内容：二次作业工作票填写、安全布防、二次安全措施票编制与执行等	各供电公司、超高压公司二次检修班组
		考题数量：100	考题数量：—	考题数量：1	

八、产业类专业

1. 考评对象

施工类产业单位所属分公司和工程中心下设的安全生产类部室、班组和项目部人员；专业类产业单位所属部室和中心下设的安全生产类班组人员。包括协议借工、产业集体工、产业直签工、劳务派遣和业务外包人员（不含劳务分包人员）。

2. 考评专业

输电（基建、运检）、变电（基建、运检）、配电、试验检测、监理、物资仓储、信息通信。

3. 考评重点

（1）理论考试：题型分为单选题、判断题两类，数量为100道，满分为100分，其中单选题60道，判断题40道，考试时间为100分钟。

重点为国家电网有限公司电力安全工作规程、国家电网有限公司安全生产"十不干"、国家电网有限公司严重违章释义和涉及的专业安全规章制度要求内容。安规（调度规程）、十不干试题比例不低于 85%，现场安全管控强制性措施占比 5%，国家电网有限公司严重违章释义占比 5%，本专业安全管理要求占比 5%。

（2）个人测评：采用测评表打分，满分 100 分。

采用评分表打分形式，满分 100 分。由班组所在单位部门四级及以上正、副职负责打分，主要测评个人专业能力、违章记分、责任清单、安全贡献等情况。

（3）模拟实操。

输电、变电专业采用省级单位专业部门实操考题。

配电专业放线、紧线与撤线，跌落式熔断器和电能表箱安装作业的安全措施、安全作业流程和作业票办理。

能源科技公司线路参数测试、高压试验、新能源场站一次调频试验、油色谱在线监测装置现场检测、锅炉有限空间作业、火电厂汽轮机汽门关闭时间测试等作业的安全措施、安全作业流程和作业票办理。

信通网络科技公司蓄电池更换、信息系统维护作业的安全措施、安全作业流程和作业票办理。

天鹰公司仓储配送作业安全措施和作业单办理；仓储单位防火巡查和安全管控要求。

重信公司工作票及勘察记录核实、人员配备及持证情况、安全文明施工措施、现场施工（安全）工器具监督检查，板式基础施工、电缆沟（电缆夹层）有限空间作业、架线牵引场现场安全监督检查要求等。

产业类安全生产班组人员考评细则见表 3-10。

表 3-10　　产业类安全生产班组人员考评计划安排表

序号	专业名称	考试内容			涉及单位及班组名称
		理论考试	个人考（测）评	模拟实操	
1	变电（运检、基建）	考试地点：各产业单位会议室	考测地点：各产业单位会议室	模拟地点：各产业单位会议室	省管产业单位变电建设运维中心、综合保障中心；送变电分公司；变电工程中心；建筑工程、送变电分公司；变电工程部、互联网中心；超高压工程公司变电工程、运维中心；送变电工程分公司
		考试时长：100分钟	考测时长：—	模拟时长：60分钟	
		题型：客观题	题型：评分表	题型：主观题	
		内容：国家电网有限公司电力安全工作规程、国家电网有限公司安全生产"十不干"、国家电网有限公司严重违章释义、现场安全管控强制性措施	内容：个人安全能力评价	内容：采用设备类、调控类和建设类专业部门模拟实操考题，设备类有变电运维、变电检修、变电试验三个专业；调控类为二次检修专业；建设类有土建、电气专业	
2	输电（运检、基建）	考试地点：各产业单位会议室	考测地点：各产业单位会议室	模拟地点：各产业单位会议室	输电建设运维中心；送变电分公司；输电工程、运维中心；运维、送变电分公司；输电工程部、互联网中心；超高压工程公司输电工程中心；送变电工程分公司
		考试时长：100分钟	考测时长：—	模拟时长：60分钟	
		题型：客观题	题型：评分表	题型：主观题	
		内容：国家电网有限公司电力安全工作规程、国家电网有限公司安全生产"十不干"、国家电网有限公司严重违章释义、现场安全管控强制性措施	内容：个人安全能力评价	内容：采用设备类和建设类专业部门模拟实操考题，设备类细分为输电运行、输电检修、带电作业三个专业；建设类分为线路专业	

序号	专业名称	考试内容			涉及单位及班组名称
		理论考试	个人考（测）评	模拟实操	
3	配电	考试地点：各产业单位会议室	考测地点：各产业单位会议室	模拟地点：各产业单位会议室	配网建设、县（市）营配、供电服务中心；安装分公司；配网中心；配管中心；运维公司
		考试时长：100分钟	考测时长：—	模拟时长：60分钟	
		题型：客观题	题型：评分表	题型：主观题	
		内容：国家电网有限公司电力安全工作规程、国家电网有限公司安全生产"十不干"、国家电网有限公司严重违章释义、现场安全管控强制性措施	内容：个人安全能力评价	内容：放线、紧线与撤线作业安全措施、作业流程和作业票办理；跌落式熔断器安装作业安全措施、作业流程和作业票办理；电能表箱安装作业安全措施、作业流程和作业票办理	
4	试验检测	考试地点：各产业单位会议室	考测地点：各产业单位会议室	模拟地点：各产业单位会议室	省管产业公司化环室、机炉室、热工室、系统室、金属室、高压室；运维分公司
		考试时长：100分钟	考测时长：—	模拟时长：60分钟	
		题型：客观题	题型：评分表	题型：主观题	
		内容：国家电网有限公司电力安全工作规程、国家电网有限公司安全生产"十不干"、国家电网有限公司严重违	内容：个人安全能力评价	内容：线路参数测试作业安全措施和作业票办理；高压试验作业安全措施和作业票办理；新能源场站一次调频	省管产业公司化环室、机炉室、热工室、系统室、金属室、高压室；运维分公司

131

续表

序号	专业名称	考试内容			涉及单位及班组名称
		理论考试	个人考（测）评	模拟实操	
4	试验检测	章释义、现场安全管控强制性措施	内容：个人安全能力评价	试验安全措施及作业票办理；油色谱在线监测装置现场检测安全措施及作业票办理；锅炉有限空间作业安全措施及作业票办理；火电厂汽轮机汽门关闭时间测试安全措施及作业票办理	省管产业公司化环室、机炉室、热工室、系统室、金属室、高压室；运维分公司
5	监理	考试地点：重信监理公司会议室、各项目部	考测地点：重信监理公司会议室、各项目部	模拟地点：重信监理公司会议室、各项目部	省管产业单位电网项目管理部
		考试时长：100分钟	考测时长：—	模拟时长：60分钟	
		题型：客观题	题型：评分表	题型：主观题	
		内容：国家电网有限公司电力安全工作规程、国家电网有限公司安全生产"十不干"、国家电网有限公司严重违章释义、现场安全管控强制性措施	内容：个人安全能力评价	内容：公共部分模拟实操项目为工作票及勘察记录核实、人员配备及持证情况检查、安全文明施工措施检查、现场施工（安全）工器具检查。线路专业模拟实操项目为板式基础施工现场检查、60米以下铁塔组立现场检查、架线张力场现场检查、架线牵引场	

132

序号	专业名称	考试内容			涉及单位及班组名称
		理论考试	个人考（测）评	模拟实操	
5	监理	内容：国家电网有限公司电力安全工作规程、国家电网有限公司安全生产"十不干"、国家电网有限公司严重违章释义、现场安全管控强制性措施	内容：个人安全能力评价	现场检查、导线接续管压接、跨越架检查、地锚及拉线设置检查。变电专业模拟实操项目变电站电缆沟（电缆夹层）有限空间现场检查、变电站构架吊装检查。配电专业模拟实操项目安装一组 10kV 跌落式熔断器或柱上变压器现场检查	省管产业公司电网项目管理部
6	物资仓储	考试地点：天鹰公司会议室	考测地点：天鹰公司会议室	模拟地点：天鹰公司会议室	省管产业公司仓储服务中心、工程服务中心
		考试时长：100分钟	考测时长：—	模拟时长：60分钟	
		题型：客观题	题型：评分表	题型：主观题	
		内容：国家电网有限公司电力安全工作规程、国家电网有限公司安全生产"十不干"、国家电网有限公司严重违章释义、现场安全管控强制性措施	内容：个人安全能力评价	内容：仓储配送作业安全措施和作业单办理；仓储单位防火巡查和安全要求	
7	通信、信息	考试地点：中铝501	考测地点：中铝501	模拟地点：中铝501	省管产业单位信通网络公司工程中心、运维中心
		考试时长：100分钟	考测时长：—	模拟时长：60分钟	

序号	专业名称	考试内容			涉及单位及班组名称
		理论考试	个人考（测）评	模拟实操	
7	通信、信息	题型：客观题	题型：评分表	题型：主观题	省管产业单位信通网络公司工程中心、运维中心
		内容：国家电网有限公司电力安全工作规程、国家电网有限公司安全生产"十不干"、国家电网有限公司严重违章释义、现场安全管控强制性措施	内容：个人安全能力评价	内容：蓄电池更换作业安全措施及作业票办理；信息系统维护及作业票办理	

第三节　班组人员考评结果应用

一、班组人员考评典型问题

1. **班组人员考评成绩分布不平衡**

一方面，考评综合成绩最高分与最低分的差距达到十几分，反映出安全制度培训成效存在明显差异，个别单位日常培训组织实施工作还需加强。另一方面，绝大部分单位模拟实操考试平均成绩明显低于理论考试平均成绩，反映出班组人员的专业安全技能还有短板，实操培训的手段、形式和日常培训机制还需进一步优化完善。

2. **业务外包人员培训有待强化**

业务外包人员考试合格率与其他人员差距显著，低于平均水平,反映出业务外包人员安全技能和专业技能培训还需加强,外包人员队伍招标入围、培训机制和日常动态评价等方面有待持续完善和改进。

3. 现场考试组织不力

个别单位参加考评班组人员名单中姓名、考评专业等关键信息填写不准确,名单上报后仍出现多次修改的情况。现场考试组织不到位,考场布控球设置数量不足,现场监考人员履职不到位,同一考场重复出现人员作弊的情况。

二、改进措施建议

1. 固化安全教育培训机制

树立常态化安全教育培训理念,严格落实"月安排、季统考、年考核"要求,结合本单位工作实际严格编制并实施安全教育计划,统筹好"线上＋线下"集中培训、上岗前和开工前碎片化培训等多种方式,持续加强安全规章制度和规程规范学习,使安全教育培训制度化、规范化和科学化。

2. 开展差异化安全教育培训

按照"干什么、学什么"的原则,根据安全生产过程中岗位和角色的不同,制定"接地气"的安全培训方案和安全培训课件,分级分类开展差异化的安全教育培训,不断强化领导人员、管理人员和一线班组人员安全教育培训效果,不断提升一线安全生产人员安全意识和安全技能。

3. 严格安全教育培训奖惩激励

完善安全教育培训奖惩激励机制,加强安全教育培训效果评价,严格开展各类人员的奖励和处罚。针对协议借工、直签工、劳务派遣和业务外包等各类用工人员，对于考试和考核成绩突出的要及时兑现奖励，对于执行培训要求不到位、考试不合格的采取待岗、约谈和经济处罚等方式，确保安全培训质量。

三、考试结果应用

考试不合格人员离岗学习，直至考试合格方可上岗。因现场抢修作业等无法按时参加的考试人员，由公司统一组织另行安排考试。安全生产班组人员的考评成绩将作为班组考评验收的重要依据，考评成绩达到优良的人数越多，验收得分越高。